鬼斧神工的

自然奇观

张哲◎编

时代出版传媒股份有限公司
安徽科学技术出版社

图书在版编目（CIP）数据

鬼斧神工的自然奇观/张哲编. —合肥：安徽科学技术
出版社，2012.11
（最令学生着迷的百科全景）
ISBN 978-7-5337-5514-0

Ⅰ. ①鬼… Ⅱ. ①张… Ⅲ. ①自然地理－世界－青年
读物②自然地理－世界－少年读物 Ⅳ. ①P941-49

中国版本图书馆 CIP 数据核字（2012）第 050299 号

鬼斧神工的自然奇观　　　　　　　　　　　　　　　　　张哲　编

出 版 人：黄和平　　　　责任编辑：张 硕　　　　封面设计：李 婷
出版发行：时代出版传媒股份有限公司　http://www.press-mart.com
　　　　　安徽科学技术出版社　　　　　http://www.ahstp.net
　　　　　（合肥市政务文化新区翡翠路 1118 号出版传媒广场，邮编：230071）
印　　制：合肥杏花印务股份有限公司

开本：720×1000　1/16　　　印张：10　　　字数：200 千
版次：2012 年 11 月第 1 版　　印次：2023 年 1 月第 2 次印刷

ISBN 978-7-5337-5514-0　　　　　　　　　　　　定价：45.00 元

前言

悠悠岁月，沧海桑田。从地球诞生之日起，大自然就以它伟大的创造力，魔幻般地将亿万年前的汪洋大海变成峻峭挺拔的绝壁，将一望无际的平原雕刻为深不见底的峡谷。因此，亿万年后的我们，便有幸看到那匪夷所思的地质奇观，绝美幽深的奇境险域和那动人心魄的壮美山川。

从高耸云天的珠穆朗玛峰到深沟万壑的科罗拉多大峡谷；从终年积雪的冰川湾到流着滚滚岩浆的夏威夷冒纳罗亚火山；从美丽迷人的九寨沟到充满神秘色彩的死亡谷；从南太平洋熠熠生辉的大堡礁到原始神秘的亚马孙河；从"不毛之地"撒哈拉沙漠到壮美的尼亚加拉瀑布……大自然演绎了许多不老的传奇。

本书收集了亚洲、欧洲、美洲、非洲、大洋洲、南极洲的绮丽风景，采撷了世界上最令人叹为观止的一百余处自然精粹，这些自然奇观涵盖了最能体现大自然神奇造化和鬼斧神工的地质地貌奇观。快打开书吧，让我们一起去领略大自然那震撼人心的无穷魅力吧！

CONTENTS

目录

▶ 亚　洲

地球之巅——珠穆朗玛峰 …………………… 10

举世无双的大峡谷——长江三峡 …………………… 12

山水画廊——桂林山水 …………………… 14

日本的象征——富士山 …………………… 16

神秘的咸水湖——死海 …………………… 18

世界最大的内陆湖——里海 …………………… 20

世界最深的湖泊——贝加尔湖 …………………… 22

白色城堡——土耳其棉花城堡 …………………… 24

泰国的"小桂林"——攀牙湾 …………………… 26

海上桂林——下龙湾 …………………… 28

天下第一奇观——石林 …………………… 30

天下第一奇山——黄山 …………………… 32

碧水丹山——武夷山 …………………… 34

世界屋脊——青藏高原 …………………… 36

天山明珠——天山天池 …………………… 38

▶ 欧　洲

大西洋的九个女儿——亚速尔群岛 …………………… 42

世界著名火山——维苏威火山 …………………… 44

亚欧的天然分界线——高加索山 …………………… 46

金字塔形山峰——马特峰 …………………… 48

CONTENTS

蓝色的国际河流——多瑙河………………… 50

圣诞老人的故乡——拉普兰地区………… 52

白色悬崖——多佛尔悬崖………………… 54

传说中水怪的家园——尼斯湖…………… 56

西南欧最大的山脉——比利牛斯山……… 58

独一无二的美景——挪威峡湾…………… 60

非 洲

恩戈罗恩戈罗火山口……………………… 64

咆哮的洪流——维多利亚瀑布…………… 66

地球的伤痕——东非大裂谷……………… 68

沙漠之王——撒哈拉沙漠………………… 70

埃及的母亲河——尼罗河………………… 72

观鸟天堂——纳库鲁湖…………………… 74

非洲屋脊——乞力马扎罗山……………… 76

非洲最大的岛——马达加斯加岛………… 78

海上生命线——好望角…………………… 80

最后的伊甸园——塞舌尔群岛…………… 82

人类的摇篮——图尔卡纳湖……………… 84

"摩天大厦"——白蚁塔…………………… 86

北美洲

活动断层——圣安德烈斯断层…………… 90

鬼斧神工的 自然奇观

鬼斧神工的

自然奇观

CONTENTS

黄石的象征——老忠实间歇泉 …………… 92

美国最深的湖泊——火山口湖 …………… 94

马蹄形瀑布——尼亚加拉瀑布 …………… 96

植物界的巨人——巨杉 …………………… 98

美国的象征——科罗拉多大峡谷 ………… 100

天雕玉柱——魔鬼塔 ……………………… 102

不断扩大的海湾——冰川湾 ……………… 104

绿草如茵的水域——大沼泽地 …………… 106

绚丽的化石木块——石化林 ……………… 108

北美最高峰——麦金利山 ………………… 110

美国的"兵马俑"——布赖斯峡谷 ……… 112

自然力的杰作——波浪谷 ………………… 114

美洲"火焰山"——死亡谷 ……………… 116

魔鬼三角——百慕大群岛 ………………… 118

北美大陆地中海——北美五大湖 ………… 120

美国第一长河——密西西比河 …………… 122

南美洲

河流之王——亚马孙河 …………………… 126

落差最大的瀑布——安赫尔瀑布 ………… 128

最宽的瀑布——伊瓜苏瀑布 ……………… 130

自然博物馆——加拉帕戈斯群岛 ………… 132

高原明珠——的的喀喀湖 ………………… 134

会行走的冰川——莫雷诺冰川 …………… 136

大洋洲和南极洲

海洋生态奇观——大堡礁 ………………… 140

CONTENTS

最大的岩石——艾尔斯巨石 …………………142

荒原上的"岛山"——奥尔加山 …………………144

恐怖的沉船海岸——海难海岸 …………………146

火山公园——夏威夷火山岛 …………………148

高山峡湾之胜——米佛尔峡湾 …………………150

海洋活火山——新西兰怀特岛 …………………152

新西兰屋脊——库克山 …………………154

最美丽的岛屿——博拉博拉岛 …………………156

最大的浮冰——罗斯冰架 …………………158

鬼斧神工的 自然奇观

亚 洲

　　亚洲位于东半球的东北部,东濒太平洋,南临印度洋,北界北冰洋,西达地中海和黑海,是世界上面积最大的大洲。亚洲的地形地表起伏很大,崇山峻岭会集中部,是世界上除南极洲外地势最高的大洲,气候类型也复杂多样。亚洲有世界陆地上最低的洼地和湖泊——死海,还有被称为"世界屋脊"的青藏高原。

地球之巅——珠穆朗玛峰

珠穆朗玛峰,简称珠峰,位于中国和尼泊尔边界的喜马拉雅山脉之上,是世界上最高的山峰,海拔8 844.43米。"珠穆朗玛"是藏语雪山女神的意思,她银装素裹,亭亭玉立于地球之巅,时而出现在湛蓝的天空中,时而隐藏在雪白的祥云里,更显出她那圣洁、端庄、美丽和神秘的形象。

知 识 小 笔 记

珠峰地区雪山、冰峰、冰川、峡谷、湖泊、溪流……绮丽、雄浑的自然风光是无数人梦寐以求的神秘圣地。

珠穆朗玛峰的形成

当劳亚古陆分裂后,印度板块向北移向亚欧板块,然后与它碰撞、挤压,在印度的北边隆起形成喜马拉雅山脉。至今地壳的这两大板块仍在移动,因此喜马拉雅山仍然在"长高"。

珠穆朗玛峰——圣洁的"雪山女神"

气候环境

　　珠穆朗玛峰，山势雄伟，地理环境独特，峰顶的最低气温常年在零下三四十摄氏度。峰顶空气稀薄，空气的含氧量只有东部平原地区的 1/4，经常刮七八级大风，十二级大风也不少见。风吹积雪，四溅飞舞，弥漫天际。

雪莲

红胸角雉

多样的生物

　　珠峰沿山坡向上，随着自然条件的不同，依次形成阔叶林、针叶阔叶混交林、针叶林、灌丛、草甸、荒漠和永久积雪带。栖息着雪豹、长尾叶猴、岩羊、红胸角雉、雪鸡等野生动物。雪线以上生长着不畏严寒的雪莲和龙胆花。

雪豹

举世无双的大峡谷——长江三峡

长江三峡位于重庆、湖北的交界处，这里有重岩叠嶂的群峰、汹涌奔腾的江水、千姿百态的奇石、神秘莫测的溶洞……三峡的一山一水、一景一物都如诗如画，并伴随着许多美丽的神话和动人的传说，令人心驰神往。

长江三峡的形成

长江三峡是在数亿年的岁月中，经过多次强烈的造山运动而形成的。长江三峡由瞿塘峡、巫峡、西陵峡三大峡谷和大宁河宽谷、香溪宽谷两大宽谷组成。

巫峡

自大宁河口至巴东官渡口为巫峡，长40千米，巫峡幽深奇秀，两岸峰峦挺秀，山色如黛，江水峰回路转，宛如迂回曲折的山水画廊。巫峡中最负盛名的是巫山12峰，登龙峰如神龙飞腾，翠屏峰如天然屏风，飞凤峰如凤凰展翅……神女峰最为著名。

长江三峡

西陵峡

西陵峡西段为绵延 45 千米的香溪宽谷，东段长 75 千米，以滩多流急著称，青滩、泄滩、崆岭滩为三峡著名的三大险滩。这里礁石林立，犬牙交错，旋涡急流，出没无常。如今为了便于航行，所有的明礁暗滩已经全部被炸除了。

↑ 瞿塘峡夔门

知识·小笔记

三峡西起奉节白帝城，东至宜昌南津关，全长 193 千米。三大峡谷，各具特色：瞿塘峡雄，巫峡秀，西陵峡险，共同构成了一幅壮观瑰丽的画卷。

瞿塘峡

瞿塘峡自白帝城夔门至巫山县城，全长 33 千米，这里有赤甲、白盐两道绝壁高耸，就像两扇半开的巨门，宽不到 100 米。江流咆哮汹涌，吼声如雷，一泻千里，气势磅礴。

↓ 长江流经瞿塘峡

山水画廊——桂林山水

桂林市地处广西壮族自治区东北部,有着举世无双的喀斯特地貌。这里的山,平地拔起,千姿百态;漓江的水,蜿蜒曲折,明洁如镜;山多有洞,洞幽景奇,洞中怪石,鬼斧神工,琳琅满目,自古就有"桂林山水甲天下"的赞誉。

桂林山水的形成

桂林山水的秀美是因为这里有很多的石灰岩。石灰岩特别容易被含有二氧化碳的雨水和河水溶解。经过千百年雨水、河水的侵蚀,桂林就形成了现在这样山清水秀、洞奇石美的风景奇观。

奇特的山

桂林的山非常奇特,一座座拔地而起,各不相连,像老人,像巨象,像骆驼,奇峰罗列,形态万千,虽不高大,却陡峻秀丽。有的危峰兀立,怪石嶙峋,有的像翠绿的屏障、新生的竹笋,色彩明丽,倒映水中。仅桂林市区就有山峰150多座,著名的有独秀峰、骆驼山、叠彩山、伏波山、象鼻山等。

漓江水在群桂林溶洞

知识小笔记

桂林平均海拔 150 米,年平均气温 19.3℃,这里山奇、水秀、洞幽、石美,风光迷人,缥缈变幻如万卷长诗,五光十色似百里画廊。

漓江

　　漓江发源于兴安县猫儿山，穿城过镇，蜿蜒于群山之间，特别是从桂林到阳朔 83 千米水程，水流清澈，就像玉带缠绕在苍翠的奇峰中。

↑ 漓江船

天下奇洞

　　逢山必洞、无洞不奇，这是桂林山水一大特色，洞中怪石，鬼斧神工，琳琅满目。洞离不开水，水这位伟大的"工程师"孜孜不倦地雕凿出七星岩、芦笛岩等天下奇洞。

● 桂林溶洞

日本的象征——富士山

富士山是日本第一圣山，也是世界最美丽的高峰之一，白雪皑皑的山顶，是日本人津津乐道的话题。富士五湖，湖光山色，还有原始森林、瀑布和山地植物，一年四季景色迷人。

地理位置

富士山位于日本东京西南方约 80 千米的位置，跨越静冈、山梨两县，整个山体呈圆锥状，一眼望去，就像一把悬空倒挂的扇子，日本诗人曾用"玉扇倒悬东海天""富士白雪映朝阳"等诗句来赞美它。

知识·小·笔记

富士山主峰海拔 3776 米，是日本国内的最高峰，许多日本人说，一生中不登一次富士山，或者只登一次富士山都是愚蠢的。

富士山的形成

距今 20 万～70 万年前，在现今富士山附近，火山活动相当频繁，几个火山口持续喷发。直到距今约 1.1 万年前，大量熔融的岩浆奔流、堆积，形成了现代富士山的骨架。在历史记载中，富士山共喷发过 18 次，最后一次喷发发生在 1707 年，当时的火山灰散落到了 80 千米之外的东京。

日本富士山

富士五湖

富士山的北麓有富士五湖。从东向西分别为山中湖、河口湖、西湖、精进湖和本栖湖。河口湖中的鹈岛是五湖中唯一的岛屿，湖中所映的富士山倒影，被称作富士山奇景之一。

富士山的北麓有五湖

美丽的山洞

富士山是一座休眠火山，火山喷发留下了无数山洞，有的山洞至今仍有喷气现象。最美的富岳风穴内的洞壁上结满钟乳石似的冰柱，终年不化，被视为罕见的奇观。山顶上有大小两个火山口。天气晴朗时，在山顶看日出、观云海是世界各国游客来日本必不可少的游览项目。

神秘的咸水湖——死海

死海实际上只是一个内陆咸水湖，湖中及岸边都富含盐分，在这样的水中，鱼儿和其他水生物都难以生存，水中只有细菌，没有生物；岸边及周围地区也没有花草生长，所以人们称其为"死海"。

知识小笔记

死海长80千米，宽18千米，表面积约1 020平方千米，平均深300米，最深处415米，表面低于海平面413米，是地球表面的最低点。

地理位置

死海位于以色列和约旦之间的约旦谷地，是东非大裂谷的北部延续部分，西岸为犹太山地，东岸为外约旦高原。约旦河从北注入，另外还有4条较小的河流从东面注入。

漂浮在死海上看报纸的感觉一定很惬意

死海的成因

死海形成的原因主要有两条:其一,死海一带气温很高,蒸发量很大。其二,这里干燥少雨,补充的水量微乎其微,死海变得越来越"稠"——入不敷出,沉淀在湖底的矿物质越来越多,咸度越来越大。于是,常年累月,便形成了世界上最咸的咸水湖——死海。

在死海沿岸,海水析出的白色盐分随处可见。

● 死海盐柱

大盐库

一般海水含盐量为 35 ‰,死海的含盐量达 230 ‰~250 ‰,所以说,死海是一个大盐库。据估计,死海的总含盐量约有 130 亿吨。由于湖水含盐量极高,游泳者很容易浮起来。

● 天然的护肤品——死海矿泥

神奇的死海

死海的海水富含矿物质,常在海水中浸泡,可以治疗关节炎等慢性疾病。因此,每年都吸引了数十万游客来此休假疗养。死海海底的黑泥含有丰富的矿物质,成为市场上抢手的护肤美容品。

世界最大的内陆湖——里海

里海水域辽阔,烟波浩淼,一望无垠,经常出现狂风恶浪,犹如大海翻滚的波涛。咸的湖水里生长的许多动植物和海洋生物差不多,所以人们称它为"里海",其实,它并不是真正的海。

知识小笔记

里海南北长约 1 200 千米,东西平均宽度 320 千米,平均水深 184 米,湖水蓄积量达 7.6 万立方千米,面积约 38 万平方千米,比北美五大淡水湖加在一起还要多出一倍多。

地理位置

里海位于亚欧大陆腹部,亚洲与欧洲之间,东、北、西三面湖岸分属土库曼斯坦、哈萨克斯坦、俄罗斯和阿塞拜疆,南岸在伊朗境内,是世界上最大的湖泊,也是世界上最大的咸水湖。

里海

石油资源

里海地区石油资源石油资源，两岸的巴库和东岸的曼格什拉克半岛地区以及里海的湖底是重要的石油产区。里海湖底的石油生产已扩展到离岸数十千米的水域。

▶ 里海石油资源石油资源

注入河流

有 130 多条河流注入里海，其中伏尔加河、乌拉尔河和捷列克河从北面注入，这 3 条河的水量占全部注入水量的 88%。里海为沿岸各国提供了优越的水运条件，沿岸有些港口与铁路相连，火车可以直接开到船上轮渡到对岸。

生物资源

里海生物资源丰富，动植物种类繁多。植物 500 多种，动物 850 种，其中 15 种是典型的北冰洋型和地中海型动物，也有海豹等海兽栖息。常见的鱼类有鲟鱼、鲱鱼、河鲈等。

▼ 里海生活的海豹

世界最深的湖泊——贝加尔湖

贝加尔湖是世界最深的湖泊,湖形狭长弯曲,宛如一轮明月镶嵌在西伯利亚南缘。湖上风景秀美、景观奇特,湖水清澈透明,透过水面像透过空气一样,一切都历历在目。岸上群山连绵,森林覆盖。湖内物种丰富,是一座集丰富自然资源于一身的宝库。

知识·小·笔记

贝加尔湖是世界最深的湖泊,如果我们把高大的泰山放入湖中的最深处,山顶距水面还有 100 米的距离。

地理概况

贝加尔湖地区阳光充沛,雨量稀少,冬暖夏凉,湖水清澈,水深 40 米处清晰可见。冬季,湖水结冰期历时 4～5 个月。但是,湖内深处的温度一直保持不变,约 3.5℃。

伟大的文学家契诃夫的笔下,贝加尔湖被誉为"瑞士、顿河和芬兰的神妙结合"。

唯一的淡水海豹

环斑海豹是贝加尔湖的标志性动物，它体形圆且肥胖，在水中颇为灵巧。冬季时，海豹在冰中咬开洞口来呼吸。科学家认为，环斑海豹是来自北冰洋的"远方客人"，它们是经叶尼塞河来到这里的，并在此逐渐演变成世界上独一无二的淡水海豹。

↑ 贝加尔湖海豹

◄ 湖岸群山环抱的贝加尔湖

巨大的蓄水量

贝加尔湖是全世界最深也是蓄水量最大的淡水湖，其总蓄水量 23 600 立方千米，相当于北美洲五大湖蓄水量的总和，约占地表不冻淡水资源总量的 1/5。假设贝加尔湖是世界上唯一的水源，其水量也够 50 亿人用半个世纪。

丰富的生物资源

湖中有植物 600 种，水生动物 1 200 种，其中 3/4 为贝加尔湖所特有，从而形成了其独一无二的生物种群，如各种软体动物、海绵生物等珍稀动物。

白色城堡——土耳其棉花城堡

棉花城堡是大自然雕凿的一座巨大的白色城堡。白莲花般的玉阶像层层梯田铺满山坡，涓涓细流顺山势在丘岩间潺潺而下。平台处蓄水成塘，一汪汪淡蓝的泉水像翡翠嵌在座座白玉台上，一个个洁白棉朵般的石阶披着清凌凌的水纱在阳光下熠熠生辉。

地理位置

棉花城堡位于土耳其西南部代尼兹利省，距离伊兹密尔约 200 千米。因为它由整个山坡构成，一层又一层，形状像城堡，颜色又白如棉花，远看就像棉花团一样，所以得名棉花城堡。

知 识 小 笔 记

这块奇异的坡地长 2 700 米，高 160 米，以其神奇独特的自然景观创造出一个亦幻亦真的银色城堡世界。

◀ 景色壮丽的棉花堡

棉花堡石灰岩组成的墙

形成原因

棉花城堡的形成，是由于地下温泉水不断从地底涌出，泉水中含有丰富的石灰质和其他矿物质。当温泉顺山坡流淌时，石灰质沿途沉积，久而久之便形成一片片阶梯状的以碳酸钙为主要成分的钙化堤。

日落

最不能错过的是棉花城堡的日落，当太阳的光芒一点点由金色变成绯红殷红桃红玫瑰灰，棉花城堡会像一朵最绮丽的莲花，不断变幻出奇异的色彩。

温泉

这里温泉很多，泉水自洞顶流下，将山坡冲刷成阶梯状，平台处泉水蓄成塘，人们可坐在里面泡温泉，既解乏，又健康。从上往下看，一个个温泉平台就像一面面镜子，映照着蓝天白云；从下往上看，就像刚爆发完的火山，白色的岩浆覆盖了整个山坡，颇为壮观。

梯形岩石上，层层白垩台阶上的凹陷，由纯净如碧玉的温泉充满，形成大大小小碧水如镜的温泉池。

泰国的"小桂林"——攀牙湾

泰国南部的攀牙湾是一处风景优美的地方,湾内散布着许多大小岛屿,怪石嶙峋,景色万千,被称为泰国的"小桂林"。其中,占士邦岛、铁钉岛、钟乳岛石洞更以其天然奇景而闻名于世。

知识小笔记

攀牙湾里岛屿星罗棋布,青峰倒影,山奇水秀,其水、洞、山、石组成的美丽风景被称为"世界奇观"。

📷 地理概况

攀牙湾位于泰国普吉岛东北角 75 千米处,属于紧靠普吉岛的泰南大陆的攀牙府。数千年前,这里整片石灰岩地形由于地壳运动,承受侵蚀才转变为现在宛若千岛的模样。

↓攀牙湾

自然景观

攀牙湾山峰耸立，海景如画，淡绿色的海面上，石灰岩怪石星罗棋布，有的从水中耸起数百米，有的看上去像驼峰，景色变幻万千，风光雄浑壮丽。

● *占士邦岛的"大白菜石"*

占士邦岛

占士邦岛，因为007系列电影曾在此取景，因此大家都称之为007岛，或者占士邦岛，而将它的本名遗忘了。在这里，大家都会特别关注"大白菜石"，据说，不久以后它就会消失了。

屏干岛和塔布山

屏干岛是由两面山峰倾斜地相叠一起，呈倒V字形，山壁如削，平滑如镜，人在石壁下仰首翘望，俨然一线天。塔布山，形状像铁钉一样插在海底，高约30多米，由于受海水的侵蚀而上阔下窄，狼牙棒似的山峰傲然兀立于壮阔的海上，直指云天，气势昂扬。

海上桂林——下龙湾

下龙湾以景色瑰丽、秀美而著称。1600多个大大小小的岛屿错落有致地分布在1553平方千米的海湾内,有的一山独立,一柱擎天;有的两山相靠,一水中分;有的峰重叠,峥嵘奇特,景色酷似广西的桂林山水,因此人们又称它为"海上桂林"。

地理概况

下龙湾位于越南北方广宁省下龙市,这里原是欧亚大陆的一部分,后沉入海中,如今这片海域中有数不清的小岛冒出碧蓝的海面,这些典型的喀斯特地貌的小岛千姿百态,把下龙湾点缀得美轮美奂。

形状各异的小岛

大自然的鬼斧神工将山石、小岛雕凿的形状各异,有的如直插水中的筷子,有的如奔驰的骏马,还有的如争斗的雄鸡,最有名的是蛤蟆岛,其形状犹如一只蛤蟆,端坐在海面上,嘴里还衔着青草,栩栩如生。

风光秀丽的下龙湾

岩洞中的钟乳石错落有致，构成了奇特的雕像造型。

岩洞奇观

岩岛上有许多岩洞，其中木头洞最具特色，有"岩洞奇观"之称，位于万景岛的半腰上，洞口不大，洞内广阔，洞壁上的钟乳石形成各种动物形象，活灵活现，令人称奇。

顽皮的猴子

在下龙湾的岩岛上，有一个非常讨人喜欢的红鼻猴王国。这里养的猴子都是红鼻子、红屁股。岛上的猴子极为顽皮和大胆，见到陌生人，就成群地跑到海滩上跳跃、欢呼。

下龙湾红鼻猴

知识小笔记

下龙湾的气候和地形适宜各种热带鱼的生活，鱼类有上千种。此外，龙虾、珍珠、海参、鲍鱼都是下龙湾的名产。

天下第一奇观——石林

石林是大自然鬼斧神工的杰作,这里遍布着上百个黑色大森林一般的巨石群,有的独立成景,有的纵横交错,连成一片。以"雄、奇、险、秀、幽、奥、旷"著称,是世界上最奇特的喀斯特地貌景观,被人们誉为"天下第一奇观"。

地理位置

石林位于云南省石林彝族自治县境内,距省会昆明市 70 多千米,这里冬无严寒,夏无酷暑,四季如春。景区由李子营石林、乃古石林、大叠水、长湖、月湖、芝云洞、奇风洞等几个风景片区组成。

知识小笔记

珠峰地区雪山、冰峰、冰川、峡谷、湖泊、溪流……绮丽、雄浑的自然风光是无数人梦寐以求的神秘圣地。

◂ 众多奇形怪状的石头仿佛使人走入了一个魔幻的世界

奇风洞

每年 8 ～ 11 月,奇风洞内会吹出冷风,安静的大地顿时呼呼风响,尘土飞扬,并伴有隆隆的流水声。两三分钟后,一切复原,数分钟后又开始吸风,一呼一吸,周而复始,形成会呼吸的地质奇观。

形成原因

　　大约在两亿多年以前，这里是一片汪洋大海，沉积了许多厚重的石灰岩。经过各个时期的造山运动和地壳变化，岩石露出了地面。直到距今 200 万年前，由于石灰岩的溶解作用，石柱彼此分离，又经过常年的风雨侵蚀，就形成了今天这童话世界般的壮丽奇景。

◀ 鲜花、绿树、石林构成一幅经典的南国风景画

李子营石林

　　李子营石林是最集中、最美的一处。这里的石柱、石壁、石峰千姿百态，有孔雀梳翅、犀牛望月；有唐僧石、悟空石、观音石、将军石、阿诗玛石等无数象生石，有的还酷似植物，惟妙惟肖，令人叹为观止。还有一处"钟石"，能敲出许多种不同的音调。

◀ 由无数的石峰、石柱、石笋、石芽组成的"森林"

天下第一奇山——黄山

> **黄**山如一幅天然画卷,集泰山之雄伟,华山之险峻,衡山之烟云,庐山之瀑布,雁荡山之巧石,峨眉山之秀丽于一身,并以奇松、怪石、云海、温泉四绝著称于世,素有"天下第一奇山"之美称。

🔺 奇松

因为地势崎岖不平,悬崖峭壁纵横堆叠,黄山松无法垂直生长,只能弯弯曲曲地,甚至朝下生长,所以黄山松千姿百态。最著名的黄山松有:迎客松、凤凰松、棋盘松、黑虎松等。

● 迎客松

地理概况

　　黄山位于安徽省南部，属亚热带季风气候，阴雨天、云雾天多，夏无酷暑，冬少严寒。明代大旅行家徐霞客用"五岳归来不看山，黄山归来不看岳"来赞美黄山之美。

▶黄山群峰林立，素有"三十六大峰，三十六小峰"之称。

怪石

　　黄山的怪石，以奇取胜，以多著称，已被命名的怪石有 120 多处。其形态可谓千奇百怪，令人叫绝。似人似物，似鸟似兽，情态各异，形象逼真。黄山怪石从不同的位置，在不同的天气观看情趣迥异。

▶黄山怪石天下闻名

知 识 小·笔 记

　　黄山主峰莲花峰，海拔约 1 864.8 米。南北长约 40 千米，东西宽约 30 千米，面积约 1 200 平方千米，景区面积 154 平方千米。

碧水丹山——武夷山

武夷山位于福建省武夷山市西南 15 千米处,是福建第一名山,素有"碧水丹山""奇秀甲东南"之美誉。武夷山具有独特、稀有、绝妙的自然景观,它也是尚存的珍稀、濒危物种的栖息地。

地理概况

武夷山峰峦叠障,高差悬殊,绝对高差达 1 700 米,良好的生态环境和特殊的地理位置,使其成为地理演变过程中许多动植物的"天然避难所",物种资源极其丰富。

丰富的植物资源

武夷山已知植物有 3 728 种。古树名木具有古、大、珍、多的特点,如武夷宫 880 年树龄的古桂、坑上 980 年树龄的南方红豆杉等,都具有极高的科研和保存价值。

武夷的美感在于山,这里的奇峰怪石千姿百态,耐人寻味。

野生动物的基因库

武夷山已知的动物种类有 5 110 种，尤以两栖、爬行类和昆虫类分布众多而著名于世，中外生物学家把武夷山称为"研究两栖、爬行动物的钥匙""鸟类天堂""蛇的王国""昆虫世界"等，其中，黑鹿、金钱豹、黄腹角雉等 11 种动物被列入一级保护动物名单。

▲ 金钱豹体形和虎相似，既会游泳，又善于爬树，是胆大凶猛的食肉动物。

知识小笔记

武夷山总面积 99 975 平方千米，是巧夺天工的天然山水园林。

九曲溪

曲折萦回的九曲溪贯穿于武夷山群峰之间，全长 62.8 千米。水流清澈，水源充沛，从西向东，蜿蜒自如，山绕水转，水贯山行，可谓曲曲含异趣，湾湾藏佳景。

▲ 武夷的灵性在于水，山麓中清泉、飞瀑、山涧溪流，流水潺潺，如诉如歌。

世界屋脊——青藏高原

雄伟广阔的青藏高原被人们誉为"世界屋脊"，因为它的海拔高度平均在 4 000 米以上，是地球上海拔最高的高原。走上青藏高原，你立刻就可以领略到它那独特的景观和特别的气候，因为高原上的气候和海平面上有很大不同，其中最主要的就是空气的复杂变化。

知识小笔记

青藏高原平均海拔高度在 4 000 米以上，全境面积大约有 250 万平方千米。

地理位置

青藏高原在我国西南部接近南亚的地方，它南面和西面是连绵不断的世界最高山脉喜马拉雅山脉，东面是横断山脉，北面靠着昆仑山脉，全境面积大约有 250 万平方千米。

青藏高原地区形形色色的自然保护区是世界屋脊上生态环境最奇特、生物资源最丰富的自然资源宝库。

形成原因

早在 4 亿多年前这里就有板块隆起的岩石记录，今天我们看到的青藏高原是在大约 8000 万年到 2.4 亿年前开始的喜马拉雅运动中抬升为陆地，并不断地增高，最终从洋底变成高原，直到今天，青藏高原依然处于不断的变化之中。

中国地势第一级

我国的地势西高东低，就像一层一层的台阶一样，青藏高原毫无疑问成为我国地势第一级，因为它的平均海拔是最高的。我们熟悉的河流，比如长江和黄河，都发源于青藏高原的唐古拉山。

青藏铁路是世界海拔最高、线路最长的高原铁路。

年轻的高原

青藏高原并不是一直在增长，而是有过几次起伏，最近的 1 万年时间以来，青藏高原一直在猛烈地增长，最终使它成为世界上最高的高原。从这一点来说，青藏高原还是一个年轻的高原。

天山明珠——天山天池

天山山脉全长 2 500 千米,横亘亚洲腹地,为塔里木盆地和准噶尔盆地的天然分界线。天池处于天山东段最高峰博格达峰的山腰,是一座 200 余万年以前第四纪大冰川活动中形成的高山冰碛湖。天池是世界著名的高山湖泊。

传说

天池古称瑶池,后来乾隆皇帝根据天镜神池之意命名为天池。传说天池是西王母梳妆台上的银镜,又说是西王母的沐浴池……这些美妙的神话传说给天池添上了一层神秘色彩,后来世人将天池的自然风光概括为"石门一线""龙潭碧月""顶天三石""定海神针""南山望雪""西山现松""海峰晨曦""悬泉飞瀑"八大景观。

知识·小·笔记

天池湖面海拔 1 980 余米,南北长 3 000 余米,东西最宽处 1 500 余米,旺水时面积达 4.9 平方千米,最深处 105 米,总蓄水量 1.6 亿立方米。

天山天池是世界著名的高山湖泊。天池自然风景名胜区以高山湖泊、云杉林和雪山景观为特色,是国内著名的避暑旅游胜地。

避暑胜地

天池四季景色俱佳，夏季，这里碧波浩渺的湖水倒映着远处海拔5 545米白雪皑皑的博格达峰，近处草坡云衫挺拔，碧水、雪山、松林、繁花、草坪衬托出如诗如画的美妙仙境，令人无限神往。

冰雪世界

在海拔3 000米以上，是冰川积雪带，纵横的冰川上随处可见水深莫测的冰湖、令人胆战心惊的冰裂缝，还有蓝色的冰蚀洞、水花四射的冰喷泉、冰钟乳、水晶墙、冰桌、冰蘑菇……冰雪世界冷艳动人。

天山天池四季，是首选的避暑胜地。

天山上的冰川

龙潭碧月

天池下方约2千米盘山公路西侧有一个幽深碧绿的小湖，叫做西小天池，池周塔松竞秀，满山苍翠。每当夜幕降临，皓月当空，山峰、树影和碧月一起倒映潭中，静影沉壁，月影微颤，有诗赞曰："金秋桂月沉壁底，疑是嫦娥出广寒"。

欧　洲

　　欧洲位于亚洲的西面，是亚欧大陆的一部分，北、西、南三面分别濒临北冰洋、大西洋、地中海和黑海，就像亚欧大陆向西突出的一个大半岛。欧洲的地形以平原为主，冰川地形分布较广，高山峻岭会集南部。欧洲海岸线曲折，海湾众多，气候温和湿润，是世界上平均海拔最低的大洲。

大西洋的九个女儿——亚速尔群岛 ▄▗▗

> **亚** 速尔群岛是大西洋中的一个乐园,它由九个不同的岛屿组成。在这里,你可以看见海豚和鲨鱼在海里嬉戏;奇特的火山地貌上长满了绿色的植被;还有蓝绿色的湖泊,休眠的火山喷发口,这里的每个岛屿都能给人一份惊喜。

🗻 地理位置

亚速尔群岛位于北大西洋中东部,距离葡萄牙海岸约1450千米,离北美大陆3 200多千米,属于葡萄牙共和国的领土,陆地面积2 344平方千米。亚速尔群岛是欧、美、非洲之间海、空航线中继站,战略和交通位置极其重要。

亚速尔群岛的火山湖

自然概况

亚速尔群岛为火山岛，由玄武岩熔岩组成，地势崎岖，森林茂密，湖水清澈，地热资源丰富，多火口湖和热泉，地震也较频繁。最高点位于皮科岛上，海拔 2 351 米。

→ 亚速尔群岛的湖泊

知 识 小 笔 记

15 世纪时，葡萄牙航海家发现了亚速尔群岛，长期以来，该群岛一直是大西洋航线的重要补给点。

熔岩烧烤

亚速尔群岛的地热资源丰富，因而地热烧菜成了这里的一绝。把拌好调料的食物放入一个周围带孔的木制圆桶，在地表冒地热的小洞口，用蒸汽连续蒸煮几个小时，热腾腾、香喷喷的饭就熟了，真是别有一番滋味，其中烤鸡是最负盛名的。

双子湖

东部的圣米格尔岛山高林密，云雾缭绕，岛上有个神奇的"双子湖"，湖面平如镜，在阳光的照耀下，一汪天蓝色，一汪碧绿色，湖中呈现一条直线，将闪烁着翠绿光泽的圣米格尔山掩映其中，景色十分迷人。

世界著名火山——维苏威火山

维苏威火山是世界著名的火山之一，它位于意大利那不勒斯湾之滨。维苏威火山过去被称为苏马山或索马山，其古老山地的边缘部分现呈半圆形，环绕于目前的火山口。维苏威火山在历史上喷发过多次，平时仍有喷气现象，说明火山并未"死去"，只是处于休眠状态。

地理概况

由于维苏威火山一直很活跃，因此后期形成的新火山上植被一直没有长出，看起来有点秃，而早期喷发形成的位于新火山外围的苏马山上已有了稀疏的树木。站在火山口边缘上可以看清整个火山口的情况，火口深约一百多米，由黄、红褐色的固结熔岩和火山渣组成。

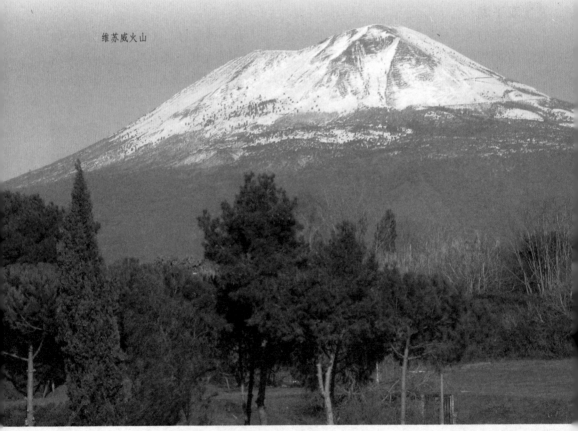

维苏威火山

庞贝城的毁灭

维苏威火山最著名的一次喷发发生在公元 79 年，灼热的火山碎屑毁灭了当时极为繁华的拥有 2 万人口的庞贝古城，直到 18 世纪中叶，考古学家才把庞贝古城从数米厚的火山灰中挖掘出来。

庞贝古城遗址

知识·小·笔记

维苏威火山海拔 1 277 米，火山口周边长 1 400 米，深 216 米，基底直径 3 000 米。

火山的形成

火山原系海湾中一小岛，后经一系列火山爆发堆积的喷出物将其与陆地连成一体。从高空俯瞰维苏威火山的全貌，那是一个漂亮的近圆形的火山口，正是公元 79 年那次大喷发形成的。

不停地喷发

维苏威火山在 1.2 万年中不时喷发，火山口总是缭绕着缕缕上升的烟雾，散发热量足以点燃一张纸。20 世纪，维苏威火山发生了 6 次大规模的喷发，最近一次喷发是在 1944 年，下一次的喷发只是时间早晚而已。

维苏威火山喷发时的情景

亚欧的天然分界线——高加索山

巍峨的高加索山脉位于黑海和里海之间，自西北向东南蜿蜒，是亚欧两洲之间的天然分界线。在希腊神话故事中，那位令人钦佩和同情的人类保护神——普罗米修斯就是被束缚在高加索山上，也是在这里，照耀人类历史的火种，带着英雄的豪迈与不屈流传了下来。

知识·小·笔记

厄尔布鲁士峰是高加索山脉中的最高峰，海拔5 633米，因为它位于群山中央，更显出类拔萃、卓尔不群。

地理概况

高加索山自西北向东南延伸，形成大高加索和小高加索两列主山脉。山顶处的积雪堆压着群山形成一条连绵的飘带，沿山脊起伏几千米，在阳光照耀下，颇为壮观。

冬季高加索山全景

高加索山脉

冰川作用

高加索山位于高纬度地带，冰川对地形的侵蚀很强烈，巨大的冰斗耸立于山腰，成了薄如刀刃的山脊，山间泥沼、高山湖泊以及宽广的山谷都是由冰河作用所致，迄今为止这里还有 60 余处冰河遗址。

● 棕熊

西高加索山

西高加索山在高加索山脉的最西端，这里是生命的一片"乐土"。植被呈典型的垂直分布，从山路到山顶依次生长着落叶林、冷杉、白桦树、高加索杜鹃和灌木丛等。棕熊、高加索鹿、水獭、黑鹳等许多动物在这里自由自在地生活着。

金字塔形山峰——马特峰

马特峰并不是阿尔卑斯山脉的最高峰,甚至也不是瑞士的最高峰。但是,它有4条颇具特色的山脊以及赋予它金字塔形状的4个面。马特峰附近没有别的山峰,因此它的美丽更引人注目。

地理位置

马特峰位于瑞士与意大利边界上,在阿尔卑斯山脉的主峰勃朗峰以东,为彭尼内山的主峰,四面都是峥嵘峭壁,角峰直插蓝天,无论从哪个角度看都是尖锐的四棱锥——典型的金字塔形山峰。

马特峰由数条倾斜向上的山峰会合而成,直指青天的气势使人生畏。

阿尔卑斯山脉

阿尔卑斯山脉是欧洲最高大、最雄伟的山脉。经过法国、瑞士、德国、意大利、奥地利和斯洛文尼亚六个国家,绵延 1 200 千米。平均海拔 3 000 多米。

阿尔卑斯山脉

山脉的形成

大约 1.5 亿年以前，现在的阿尔卑斯山区还是古地中海的一部分，随后陆地逐渐隆起，形成了高大的阿尔卑斯山脉。整个山区的地壳至今还不稳定，地震频繁。

冰川

近百万年以来，欧洲经历了几次大冰期，阿尔卑斯山区形成了很典型的冰川地形，许多山峰岩石嶙峋，角峰尖锐，山区还有很多深邃的冰川槽谷和冰碛湖。直到现在，阿尔卑斯山脉中还有 1 000 多条现代冰川，总面积达 3 600 平方千米，比卢森堡的国土面积还要大。

马特峰以其壮丽的外形以及耸立于瑞士采马特村的地势而闻名。

知识小笔记

马特峰海拔约 4 478 米，矗立在阿尔卑斯山脉的群峰环绕之中，显得雄伟而孤傲。

山地植被

阿尔卑斯山脉的植物呈带状分布。山地南坡，海拔 800 米以下属亚热带常绿硬叶林带，往上依次是以山毛榉和冷杉为主的混交林带，由云杉、冷杉、雪松等组成的针叶林，高山草甸等。

蓝色的国际河流——多瑙河

多瑙河是仅次于伏尔加河的欧洲第二长河，它沿途接纳了 300 多条大小支流，流域面积达 81.7 万平方千米，像一条蓝色的飘带蜿蜒在欧洲的大地上。多瑙河沿岸山清水秀，一派田园风光，被誉为"欧洲最大的地质、生物实验室"。

知识小笔记

多瑙河全长 2 850 千米，是世界上流经国家最多的河流。

流经国家最多的河流

多瑙河全长 2 850 千米，发源于德国西南部，流经德国、奥地利、斯洛伐克、匈牙利等十多个国家，最后注入黑海，其流域范围还包括瑞士、捷克、斯洛文尼亚等 6 个国家，是世界上流经国家最多的河流。

布达佩斯，匈牙利在多瑙河上的美景上

多瑙河三角洲

多瑙河下游河口形成了著名的多瑙河三角洲，这里是鸟类的天堂，是欧洲飞禽和水鸟最多的地方，来自欧、亚、非三大洲的候鸟会合于此，形成热闹非凡而又繁华壮丽的景象。

多瑙河三角洲是欧洲范围内鹈鹕最多的地区

沙沙作响的黄金

多瑙河三角洲 2/3 以上的地区生长着茂密的芦苇，年产芦苇 300 多万吨，约占世界总产量的 1/3。由于芦苇全身是宝，所以被罗马尼亚人亲切地称为"沙沙作响的黄金"。

芦苇

圣诞老人的故乡——拉普兰地区

拉普兰不仅是拉普人和驯鹿的家园，更是世界闻名的圣诞老人的故乡。拉普兰地区位于斯堪的纳维亚半岛北部的北极圈内，包括了芬兰、瑞典及挪威等地的北极圈以北的地区。这里有巍峨的山峦和湍急的河流，有星罗棋布的湖泊和一望无际的森林，还有奇异的北极光。

知 识 小 笔 记

拉普兰地区占地面积大约是 9 400 平方千米，海拔高度在 600～2 016 米之间。

地理风貌

拉普兰地区有两类自然地理风貌：一类是东部以太古代岩石为基地的低地；另外一类是西部占整个保护区面积 2/3 的高山景观，前者的形成时代更晚一些。

气候特点

这里的大部分地区属于极地气候，全年平均气温在 0℃以下。冬季寒冷而漫长，夏季非常短暂。特殊的地理位置和气候条件使拉普兰地区依然保持着天然、粗犷、壮美的风姿。

拉普兰地区冬季常常被大雪覆盖

拉普兰的"圣诞老人村"

多样的生物

　　驯鹿是拉普兰地区最具有代表性的动物之一，这里还是麋鹿、大山猫和狼獾的家园。水獭、白尾鹰等一些濒危动物也在此生活。其他的重要物种还有棕熊、猞猁、金鹰、天鹅、矛隼、猎鹰等。

　　← 驯鹿的个头比较大，雌鹿的体重可达150多千克，雄性稍小，体重为90千克左右。

旅鼠

　　旅鼠是拉普兰地区最有趣的动物，它们经常进行大规模迁徙。迁徙时，大批旅鼠朝着一个方向前进，无论山丘、河流、沼泽都挡不住它们的去路，也不能使它们改变方向。关于旅鼠迁徙之谜，科学家们至今还没有找到答案。

众多的湖泊

　　这里并非冰天雪地，而是有数不尽的湖泊、江河和溪流，它们由森林和沼泽连接起来。在这片蓝绿相间的拼图中，最辽阔最湛蓝的就是伊纳里湖，湖的沿岸有数以百计的小湾，湖里约有3 000个葱郁的岛屿星罗棋布，有些小岛只比岩石略大。

白色悬崖——多佛尔悬崖

多佛尔,历史上被称为通向英格兰的钥匙,多佛尔的白色悬崖高高地耸立于海面上,其闪烁着的耀眼的白色是许多航海家对英格兰的第一印象。白色悬崖似一道海上长城巍然耸立守护国门,使无数海上入侵者望而生畏。

知识小笔记

白色悬崖隔多佛尔海峡与法国相望,距法国仅34千米。

地理概况

多佛尔是英国东南部肯特郡的一个闻名于世的海港城市,是大不列颠岛距欧洲大陆最近的地方,历史上一直是兵家必争之地。

白色悬崖

白色悬崖是一段垂直"插"进海里近百米高峭似削的绝壁危崖,朝海的一面裸露着白色岩石,因此被称为"白色悬崖"。站在崖边远眺,多佛尔海峡白浪滔天,水天相连,气势磅礴。天气特别好时,用望远镜可以清楚地看到对岸法国加来的建筑物。

许多年来,多佛尔白色悬崖已经成为航海者异常熟悉的航标。

白色悬崖的形成

　　白色悬崖以形成于晚白垩纪的白垩地层为主，当时无数微生物的躯体和富含碳酸钙的贝壳死后沉入海底，再经过沉积作用、海水和风力的侵蚀作用逐渐形成。

↑海水侵蚀产生壮观的白色悬崖

美丽的多佛尔

　　美丽的多佛尔三面环山，为广袤原野和绿色丛林所环绕，一面临海，依偎着蜿蜒曲折蓝如宝石般的多佛尔海湾。从海上看，小城依托青山绿林与蓝海相映成趣，气势雄浑，十分迷人。在陆地上看，古典建筑和独特的城区布局给小城抹上了浓重的中世纪色彩，让人们能够充分领略古代欧洲风情。

古城堡

　　耸立在海滨乌尔顿山巅的古城堡是多佛尔的一大骄傲，它兴建于1160年，由巨石砌起，外有两道厚厚的围墙，每道围墙上都有若干碉堡和古炮台。整个古城堡居高临下，傲视大海，地势十分险要。

传说中水怪的家园——尼斯湖

在英国苏格兰,有一个因为发现了不明生物而成为旅游胜地的水域——尼斯湖。尼斯湖原本默默无闻,但自从有人在湖面目击到了一种庞大的长颈怪物以后,它吸引着世界各地人们的目光。现在的尼斯湖已成了著名的旅游观光和度假胜地。

知识·小·笔记

尼斯湖长 39 千米,宽 2.4 千米。一千多年来,关于水怪的传说给这座湖披上了神秘的面纱。

地理概况

尼斯湖位于英国苏格兰北部的大峡谷中,是英国内陆最大的淡水湖。面积不大却很深,平均深度达到 200 米,最深处有 293 米。该湖终年不冻,两岸陡峭,树林茂密。湖北端的尼斯河与北海相通。

如今的尼斯湖早已成为著名的旅游观光和度假胜地

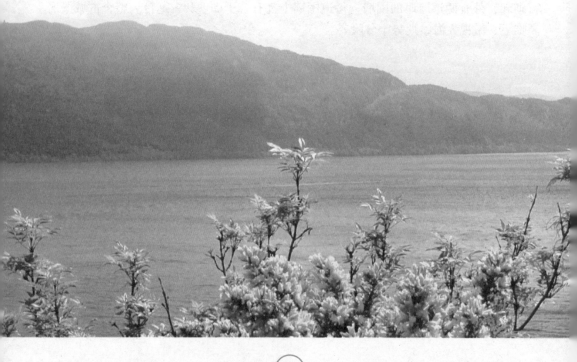

低温的湖水

尼斯湖湖水的温度非常低，在夏季，距离水面 30 米内的水温可达 12℃，但是 30 米以下的水温却仍然保持在 5.5℃，所以一般的鱼类和水生动物都是生存在靠近水面的地方。1981 年，在水深超过 210 多米的地方却发现了北极嘉鱼的踪影。

特殊的地质构造

尼斯湖水中含有的大量泥炭使湖水非常混浊，水中能见度不足 1 米，而且湖底地形复杂，到处是曲折如迷宫般的深谷沟壑。

↑ 尼斯湖水波光粼粼

关于水怪的记载

关于尼斯湖水怪的最早记载可追溯到公元 565 年，爱尔兰神职人员圣哥伦布到苏格兰旅游时目睹尼斯湖有怪物袭击游泳者。自此以后，10 多个世纪里有关尼斯湖水怪的传闻有一万多件，但目前科学界还无法证明尼斯湖水怪是否真实存在。

想象中的尼斯湖水怪

西南欧最大的山脉——比利牛斯山

比利牛斯山位于西南欧,法国和西班牙两国的交界处,分隔欧洲大陆与伊比利亚半岛,它西起大西洋比斯开湾,止于地中海岸,是欧洲西南部最大的山脉,最高峰阿内托峰海拔 3 404 米。山中有小国安道尔和比利牛斯山国家公园。

知识小笔记

比利牛斯山绵延约 435 千米,海拔多为 2 000 米以上。

分类

按照比利牛斯山的自然特征可分为三个部分,即:西比利牛斯山,中比利牛斯山,东比利牛斯山。比利牛斯山西段,降水量大,河流遍布。中段比利牛斯山山势最高,险峰林立。东比利牛斯山又称为地中海比利牛斯山,山脉海拔较低。

气候特点

比利牛斯山脉北坡属温带海洋性气候,年降水量 1 500 ~ 2 000 毫米,有山毛榉和针叶林。南坡属亚热带夏干型气候,年降水量 500 ~ 750 毫米。

比利牛斯山脉是一串古老山脉地质的再现

山脉构成

庞大的比利牛斯山山体主要由花岗岩、古生代页岩和石英岩构成，并遍布冰蚀谷、冰蚀湖、冰川。现代冰川多集中在海拔达 3 000 米的冰斗和悬谷之内，总面积约为 40 平方千米。

◀ 比利牛斯山脉绵延数百千米，实际上是阿尔卑斯山脉的衍生，具有阿尔卑斯山脉的自然特征。

安道尔公国

安道尔境内高山环抱，峰峦相映，拥有天然的滑雪场与狩猎场。冬天过后，群山披绿，万木复苏，景色迷人，再加上山间湖泊，流水潺潺，城中奇特的风情建筑构成了一幅美丽的图画。安道尔公国就像一颗明珠镶嵌在比利牛斯山中，让大自然的壮丽更增添了人工的精巧。

地理意义

比利牛斯山既是法国和西班牙的界山，又是法西边界的阿杜尔河、加龙河以及埃布罗河的分水岭。

独一无二的美景——挪威峡湾

挪威以峡湾闻名，有"峡湾国家"之称。从北部的瓦伦格峡湾到南部的奥斯陆峡湾为止，一个接一个，这无穷尽的曲折峡湾和无数的冰河遗迹构成了壮丽精彩的峡湾风光。挪威人视峡湾为灵魂，并以峡湾为荣。挪威峡湾给人带来的不仅是视觉的冲击，更是心灵的震撼。

"峡湾国家"

挪威是欧洲纬度最北的国家，全境 1/3 的土地位于北极圈内，挪威的海岸线蜿蜒曲折长达 2.5 万千米，是南北疆域直线距离的 10 倍以上，其中主要的原因就是因为有着诸多的峡湾。

● 挪威峡湾

知识小笔记

挪威峡湾中最著名的松恩峡湾长 204 千米，深 1308 米。

形成原因

大约 100 万年前，该地区的冰川厚度达到 2 000 ~ 3 000 米。从 1 万年前开始，冰川开始融化并向海洋移动，在此过程中产生了巨大的力量，将山谷切割成 U 形，海水倒灌的地方就形成了峡湾。加拿大、新西兰和智利都有峡湾，但最大的峡湾在挪威。

"松恩峡湾天下秀，碧水青山处处诗"

松恩峡湾

在众多的峡湾中，松恩峡湾是世界最长、最深的峡湾。航行在平如镜面的松恩峡湾上，两岸风景如画，远处"七姐妹峰"上白雪皑皑，另一边的弗利亚瀑布倾泻而下，给人一种惊心动魄的壮观之美。

挪威的峡湾被国际著名旅游杂志评选为保存完好的世界最佳旅游目的地和世界美景之首，并被联合国教科文组织列入《世界遗产名录》。

吕瑟峡湾

在斯塔万格东部的吕瑟峡湾，耸立有一片24平方米的片麻岩平地，这块巨石自海平面拔地而起，海拔高达600米。夏天，人们喜欢来此观海、晒太阳。

从圣坛岩看吕瑟峡湾

非 洲

　　非洲位于东半球的西南部，地跨赤道南北，西北部的部分地区伸入西半球。面积仅次于亚洲，为世界第二大洲，因赤道横贯非洲的中部，所以有一半以上地区终年炎热，非洲还是世界上沙漠面积最大的大洲。当然，除了沙漠，非洲也有郁郁葱葱的森林和一望无际的大草原。

恩戈罗恩戈罗火山口

恩戈罗恩戈罗火山位于坦桑尼亚北部东非大裂谷内,是一个死火山口,海拔 2 400 米,形状像一个大盆"盆壁"陡峭,其外形与月球火山口极为相似,是世界第二大火山口。沿火山外缘环行,6 座海拔 3 000 米以上的山峰拔地而起,高耸入云。

火山口的特征

恩戈罗恩戈罗火山口是世界上最完整的火山口,火山口内的四周倾斜而成一个色彩缤纷的巨盘。最引人注目的是 600 米下的河道,弯弯曲曲的流水闪闪发亮,底部呈现出粉红色斑点的湖泊则更加迷人。

知识小笔记

恩戈罗恩戈罗火山口直径约 18 千米,底部直径约 16 千米,面积广达 160 平方千米。

历史形成

恩戈罗恩戈罗火山以前是圆锥形,高度是现在的 2 倍。250 万年前最后一次爆发,把所有熔岩喷出,锥体顶部下塌成凹穴,只剩下火山口西北边的圆桌山。

恩戈罗恩戈罗火山口地区,是非洲最重要的野生动物保护区之一。

火烈鸟停留在湖面上形成的美景

火烈鸟

每当春天来临之际，几百万只火烈鸟聚集在火山口底部的咸水湖上，与各种花卉、植物交相辉映，时而升上天空转圈，时而又飞回水面，它们翩翩起舞，宛如一层粉红色薄纱铺撒在湖面上，美丽异常。

独立的生态系统

方圆 100 多平方千米的火山口内集中了草原、森林、丘陵、湖泊、沼泽等各种生态地貌，不断吸引火山口外的动物来此定居，逐渐形成了一个独立的生态系统。

火山口内是野生动物的天堂

野生动物的天堂

这里是野生动物的天堂，有"非洲的伊甸园"之称。大部分动物长年定居在火山口内，在干旱季节时，火山口内也不缺乏水源。该地区的动物名录看上去就像一份非洲野生动物的目录：有角马、斑马、水牛和非洲大羚羊，还有长颈鹿、狮子、大象和黑犀牛。

咆哮的洪流——维多利亚瀑布

维多利亚瀑布位于南部非洲赞比亚和津巴布韦接壤的地方，在非洲大陆上，它是和东非大裂谷齐名的大自然的杰作。维多利亚瀑布在赞比西河上游和中游交界处，是非洲最大的瀑布，也是世界上最大、最美丽、最壮观的瀑布之一。

知识·小·笔记

维多利亚大瀑布宽 1 800 多米，落差 108 米，是世界上最大的瀑布之一。

▲ 瀑布的形成

维多利亚瀑布是由于一条深邃的岩石断裂谷正好横切赞比西河形成的，而这个断裂谷是在 1.5 亿年以前的地壳运动中形成的。

▼ 壮观的维多利亚瀑布景观

瀑布上空形成的彩虹

瀑布的分布

维多利亚瀑布实际上分为 5 段，它们是东瀑布、彩虹瀑布、魔鬼瀑布、新月形的马蹄瀑布和主瀑布。大瀑布所倾注的峡谷本身就是世界上罕见的天堑。在这里，高峡曲折，苍岩如剑，巨瀑翻银，疾流如奔，构成一幅格外奇丽的自然景色。

彩虹瀑布

彩虹映日是维多利亚瀑布经常出现的景色。而彩虹多出现在主瀑布东侧的一个瀑布区内，故人们将此瀑布称作彩虹瀑布。彩虹瀑布是大瀑布中峡谷最深的地方，约 120 米。

魔鬼瀑布

整个瀑布的最西段被称为魔鬼瀑布，它以排山倒海之势，直落深谷，滚滚流水，汹涌飞落、雷霆万钧、惊天动地。游人至此，感觉大地都在颤抖。

震耳欲聋的魔鬼瀑布

沸腾锅

飞流直下的这 5 条瀑布酷似一幅垂入深渊中的巨大窗帘，瀑布群形成的高几百米的柱状云雾、飞雾和声浪能飘送到 10 千米以外。数千米外的人们都能看到水雾在不断地升腾，因此它被人们称为"沸腾锅"，那奇异的景色堪称人间一绝。

气势恢宏的"沸腾锅"

地球的伤痕——东非大裂谷

> **东** 非大裂谷被称为地球的伤痕,是世界上最大的裂谷带,它的长度相当于地球周长的1/6,气势宏伟、景色壮观,是纵贯非洲东部的地理奇观,裂谷中成串分布的湖泊,晶亮如珠,装点着美丽的非洲大陆。

地理位置

知识小笔记

东非大裂谷南起赞比西河的下游谷地,向北延伸到马拉维湖北部,并在此分为东西两条。东边的是主裂谷,沿维多利亚湖东侧,向北一直延伸到约旦谷地,全长近6 000千米。西面的大致沿维多利亚湖西侧由南向北逐渐消失,全长1 700多千米。

东非大裂谷最深约达2 000米,宽30~100千米,是一本内容丰富的地质百科全书。

东非大裂谷被称为"地球伤痕",是世界上最大的断层陷落带。

天然的蓄水池

东非大裂谷是一座巨型天然蓄水池，非洲大部分湖泊都集中在这里，大大小小约有 30 来个，例如维多利亚湖为非洲第一大湖，坦噶尼喀湖为非洲第一深湖等。这些湖泊呈长条状，像一串晶莹的珍珠，沿大裂谷一字排开。

东非大裂谷蓄水池——维多利亚湖

野生动物的乐园

东非大裂谷还是野生动物的乐园，湖区土地肥沃，植被茂盛，野生动物众多，大象、河马、非洲狮、犀牛、羚羊、狐狼、红鹤、鹈鹕、秃鹫等都在这里栖息。

威武的非洲狮

历史和未来

东非大裂谷是由于 3000 万年前的地壳板块运动，非洲东部底层断裂形成的。有关地理学家预言，未来非洲大陆将沿裂谷断裂成两个大陆板块。东非裂谷带两侧的高原上还分布有众多的火山，如乞力马扎罗山、肯尼亚山、尼拉贡戈火山等。

肯尼亚山为东非大裂谷地区最大的死火山

沙漠之王——撒哈拉沙漠

在广袤的非洲高原北部有一个世界上最大的沙漠，它就是撒哈拉沙漠，这个沙漠的周围被海洋包围，但是却依然因为缺少水分而陷入干旱难耐的境地，是什么原因导致撒哈拉沙漠如此接近水域，但是却又如此干旱呢？

知识小笔记

撒哈拉沙漠东西长约5600千米，南北宽约1600千米，约占非洲总面积的32%。

地理位置

撒哈拉沙漠位于非洲北部，在阿特拉斯山脉和地中海以南，西起大西洋海岸，东到红海之滨，横贯非洲大陆北部，面积达 900 多万平方千米，比整个美国本土的面积还要庞大。

沙漠的历史

在 1 万多年前，撒哈拉沙漠还是一个水源丰富，植被茂密的富饶之地，但是在随后的几千年时间里，这块陆地变得越来越干旱，最终变成了大沙漠。自人类有历史记载以来，撒哈拉地区就是沙漠。

对于在沙漠中旅行的人来说，无论是在遥远的古代，还是在现代化的今天，骆驼一直是他们最好的伙伴。

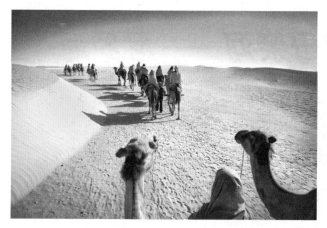

干旱的气候赋予了撒哈拉沙漠"死亡之海"的称谓

沙漠的成因

现在科学家认为，撒哈拉沙漠之所以干燥，是因为它所处的地理位置的缘故，这里常年被副热带高气压控制，冷湿气团无法进入，因此气候炎热干燥，南部高原阻挠了暖湿气团的到来，来自东北的信风吹走了能带来雨水的云团，使这里的气候更加恶劣。

丰富的资源

撒哈拉沙漠虽然气候恶劣，但是却储藏有许多资源，20 世纪 50 年代以来，沙漠中陆续发现了丰富的石油、天然气、铀、铁、锰、磷酸盐等矿藏。

撒哈拉沙漠的绿洲边界的石油开采

埃及的母亲河——尼罗河

尼罗河纵贯非洲大陆东北部,流经布隆迪、卢旺达、坦桑尼亚、乌干达、埃塞俄比亚、苏丹、埃及,跨越世界上面积最大的撒哈拉沙漠,最后注入地中海。流域面积占非洲大陆面积的1/9,是世界最长的河流。

埃及的生命线

尼罗河是由卡盖拉河、白尼罗河、青尼罗河三条河流汇流而成。尼罗河下游谷地三角洲则是人类文明的最早发源地之一,拥有五千年文明的埃及就在这里创造出辉煌的埃及文化。至今,埃及仍有96%的人口和绝大部分工农业生产集中在这里。因此,尼罗河被视为埃及的生命线。

知 识 小 笔 记

尼罗河的全长约6670千米,流域面积约335万平方千米。

卡盖拉河

卡盖拉河是非洲东部的河流,发源于布隆迪西南部,流经坦桑尼亚、卢旺达、乌干达,注入维多利亚湖,是流入维多利亚湖诸河中最长者,通常被认作是尼罗河的上源。

在尼罗河上,经常可见美丽的帆船,在落日的余晖中缓缓游弋,成为河流上一道美丽的风景。

白尼罗河

柔美的白尼罗河是尼罗河最长的支流，它发源于热带中非的山区，流经维多利亚湖、基奥加湖等庞大的湖区，穿过乌干达的丛林，经苏丹北上。

青尼罗河

青尼罗河发源于埃塞俄比亚高地，穿过塔纳湖，然后急转直下，形成一泻千里的水流，这就是非洲著名的第二大瀑布——梯斯塞特瀑布。呼啸的青尼罗河冲入苏丹平原后与平静的白尼罗河相会，才是大家所熟悉的尼罗河。

埃塞俄比亚青尼罗河上游巴希尔达附近的青尼罗河瀑布。

尼罗河泛滥时节

定期泛滥

几千年来，尼罗河每年 6 ~ 10 月定期泛滥。8 月份河水上涨最高时，会淹没河岸两旁的大片田野。10 月以后，洪水消退，带来了尼罗河肥沃的土壤，人们在上面栽培了棉花、小麦、水稻、椰枣等农作物，在干旱的沙漠地区形成了一条"绿色走廊"。

观鸟天堂——纳库鲁湖

纳 库鲁湖位于东非大裂谷谷底。每当东方渐渐泛红，晨曦中纳库鲁湖上数以百万计的粉红色的火烈鸟就会鸣叫起来，使原本寂静的湖面顿时喧闹无比。这时的纳库鲁湖湖光鸟影交相辉映，一片红色，这一壮美的景观被誉为"世界禽鸟王国中的绝景"。

知识小笔记

纳库鲁湖的海拔是1753～2073米，面积约为52平方千米。

地理位置

纳库鲁湖是东非著名的碱性浅水湖，位于肯尼亚首都内罗毕西北约150千米，它以这里聚集着全世界最多的火烈鸟而著名。在此生活的火烈鸟有200多万只，占世界总数的1/3。

纳库鲁湖的形成

纳库鲁湖及其附近的几个小湖，地处东非大裂谷谷底，是地壳剧烈变动形成的。它的周围有大量流水注入，但却没有一个出水口。长年累月，水流带来大量熔岩土，造成湖水中盐碱质沉积，形成了今天的碱性湖水。

火烈鸟生活在咸水湖沼泽地带和一些潟湖里，主要靠滤食藻类和浮游生物为生。

湖中的水藻

湖中的盐碱质和赤道上的强烈阳光，为藻类提供了良好的生长条件。几个湖的浅水区生长的一种暗绿色水藻是火烈鸟赖以为生的主要食物，水藻还含有一种叶红素，火烈鸟周身粉红，据说就是这种色素作用的结果。

鸟类的乐园

由于气候温和，湖水平静，水草茂密，除火烈鸟外，这里还栖息着400多种，数百万只珍禽。有褐鹰、长冠鹰等食肉鸟，也有滨鹬、矶鹬等候鸟，还有鹈鹕、杜鹃、翠鸟、欧椋鸟、太阳鸟等，这里是各种鸟类的乐园。

每年有许多鸟类学家从世界各地前来考察研究，因此纳库鲁湖也是"鸟类学家的天堂"。

大型动物

纳库鲁湖周围还栖息着许多不同种类的野生动物，大型动物有河马、犀牛和长颈鹿，小型动物有跳兔、岩狸和瞪羚等。

● 犀牛

非洲屋脊——乞力马扎罗山

乞力马扎罗山是非洲最高的山脉，是一个火山丘，是粗犷骠悍的非洲人的象征。雄伟的蓝灰色的山体戴着她那白雪皑皑的山顶，赫然耸立于辽阔的东非大草原上，如同一位威武雄壮的勇士守卫着非洲这块美丽神奇的古老大陆。

地理位置

乞力马扎罗山位于赤道附近的坦桑尼亚东北部，素有"非洲屋脊"之称，在赤道附近"冒"出这一晶莹的冰雪世界，使乞力马扎罗山以神秘和美丽而享誉世界。

知识小笔记

乞力马扎罗山高 5 963 米，面积 756 平方千米，距离赤道仅 300 多千米。

坦桑尼亚人心目中神圣的山

形成

大约 2500 万年前，东非本是一个巨大而平坦的平原，在非洲大陆和欧亚大陆相撞后，地壳出现了巨大的裂口和薄弱点，导致了该地区众多火山的形成，乞力马扎罗山就是其中之一。

乞力马扎罗山的整体轮廓

赤道雪峰

乞力马扎罗山的轮廓非常鲜明：缓缓上升的斜坡引向长长的、扁平的山顶，这是一个盆状的火山峰顶。酷热的日子里，山麓的气温有时高达59℃，而峰顶的气温又常在−34℃，故有"赤道雪峰"之称。

两个主峰

乞力马扎罗山有两个主峰，一个叫基博，另一个叫马文济，两峰之间有一个10多千米长的马鞍形的山脊相连。基博峰顶火山口内的四壁是晶莹无瑕的巨大冰层，底部耸立着巨大的冰柱，冰雪覆盖，宛如巨大的玉盆。

日益减少的山顶冰冠

非洲屋脊的未来

因全球气候变暖和环境恶化，近年来，乞力马扎罗山顶的积雪融化，冰川退缩非常严重，乞力马扎罗山"雪冠"一度消失。如果情况持续恶化，15年后，乞力马扎罗山上的冰盖将不复存在。

在海明威的笔下，雪是乞力马扎罗山不朽的灵魂。

非洲最大的岛——马达加斯加岛

马达加斯加岛是一个展示生命无比神奇的、多样性的博物馆。在这个与世隔绝的岛上，生活着许多独特的、世界上其他任何地方都没有的物种，其中最著名的有古老的灵长类动物狐猴、色彩多变的变色龙、绝妙的兰草以及高耸的猴面包树。

概述

马达加斯加岛是世界第四大岛，有"小大陆"之称，是马达加斯加国的主要部分，在印度洋西部，隔莫桑比克海峡与非洲大陆相望。属非洲古地块的一部分，因断裂而脱离了大陆。

知识小笔记

马达加斯加岛的面积共有 59 万平方千米，海岸线总长 3 991 千米。

岛上奇特的猴面包树

独特的生物资源

马达加斯加岛得天独厚的条件孕育了许许多多的特有动植物与海洋生物。爬虫类有将近 270 种，是岛上最大的种类，其中又有 90 种左右是特有种。两栖类中九成都是岛上特有种类，而变色龙的种类则占了全世界的 2/3，十分惊人。

地形特征

马达加斯加岛呈狭长形，南北窄、中部宽，全岛由火山岩构成，马鲁穆库特鲁山为岛上最高峰，阿劳特拉湖是最大湖泊。河流众多，大河均西流注入莫桑比克海峡。

▲ 马达加斯加岛上生活着种类繁多的变色龙

▲ 马达加斯加岛河流众多

唯一的大型哺乳动物——河马

令人奇怪的是很多非洲大陆常见的物种，如羚羊、大象、斑马、骆驼、长颈鹿、土狼、狮子、印度豹等，都没有在岛上"安家落户"，而河马则是岛上唯一的大型哺乳动物，它们大约是在第三纪的某个时期游到岛上去的。

海上生命线——好望角

好望角是非洲大陆西南端的著名岬角,在南非的西南端,北距开普敦48千米,西濒大西洋,北连开普半岛,这是一条细长的岩石岬角,长约4.8千米。地处大西洋和印度洋相汇之处,苏伊士运河未开通之前,是欧洲通往亚洲的海上必经之地。

地理特征

好望角多暴风雨,海浪汹涌,大部分地区属非洲南部高原,西南部为开普山脉、沿海有狭窄平原,属地中海气候。内陆气候干旱,大部分地区年降水量不足。

知识小笔记

好望角海拔 900 ~ 1 500米,在苏伊士运河开通之前,好望角航路成为欧洲人前往东方的唯一海上通道。

名字的由来

1488 年葡萄牙航海家迪亚士从大鱼河口探险返航途中发现岬角,因多风暴而取名为暴风角。后因经此可通往印度和东南亚,通向富庶的东方而改称好望角。

好望角正位于大西洋和印度洋的汇合处,非洲南非共和国南部。

海上生命线

苏伊士运河通航前的 300 多年里，好望角是欧、亚间航船必经之地，形成好望角航线，西方国家称之为海上生命线。今天，这里仍是世界交通和战略要地之一。西方进口石油的 2/3、战略原料的 70%、粮食的 1/4 均经此运送。

● 苏伊士运河

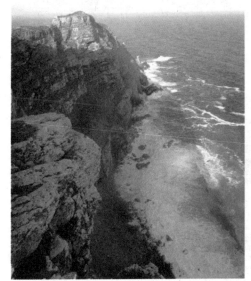

杀人浪

好望角常常有"杀人浪"出现。这种海浪前部犹如悬崖峭壁，波高 15 ~ 20 米，冬季出现得更加频繁，当和极地风引起的旋转浪叠加在一起时，海况就更加恶劣，航行到这里的船舶往往遭难，因此，这里成为世界上最危险的航海地段。

◄ "好望角"的意思是"美好希望的海角"，但最初却被称为"风暴角"。

最后的伊甸园——塞舌尔群岛

在绿宝石般浩瀚的印度洋上，珍珠般散落着115个花岗岩和珊瑚礁岛屿，这就是塞舌尔群岛——一个拥有这个星球上最原始、最优美的自然环境，种种珍禽异兽、棵棵参天古树，让人仿佛置身伊甸园中。

塞舌尔被称为"世界上最纯净的地方"

地理位置

塞舌尔群岛位于印度洋西南部，马达加斯加岛东北，地处欧、亚、非三大洲中心地带，为亚、非两洲交通要冲，地理位置十分重要。

水清沙白，潜入美丽的海底，你会看到五彩缤纷的珊瑚和五光十色的鱼类世界。

海椰子

这里有一种叫海椰子的奇异水果，果实是植物王国中最大、最重的种子，通常在 10 千克左右，最重可达 30 多千克。海椰子从出生到结出第一个果实至少需要 33 年的时间，果子长到 9 个月左右，果汁香甜，可作甜食。

● 海椰子

各具特色的小岛

这里每个小岛都有自己的特点，阿尔达布拉岛也是著名的龟岛，岛上生活着数以万计的大海龟；弗雷加特岛是一个"昆虫的世界"；孔森岛是"鸟雀天堂"；伊格小岛则盛产各种色彩斑斓的贝壳。塞舌尔群岛还是一座庞大的天然植物园，有 500 多种植物，其中 80 多种是这里独有的。

● 阿尔达布拉巨龟

知识小笔记

塞舌尔群岛面积 175 平方千米，包括 115 个小岛。主要岛屿：马埃岛、普拉斯兰岛、拉迪格岛。

人类的摇篮——图尔卡纳湖

在 肯尼亚北部与埃塞俄比亚接壤处的大裂谷地带,地貌呈沙漠或半沙漠状态。然而,从高空俯视,仿佛有一颗巨大而又美丽的水晶珠闪烁跳跃在一片灰黄的茫茫大地上,这就是非洲著名的内陆湖泊——图尔卡纳湖。它不仅景色迷人,而且以"人类的摇篮"著称于世。

知 识 小 笔 记

图尔卡纳湖南北伸延290千米,平均宽度达30千米,面积6 405平方千米。

地理位置

图尔卡纳湖位于肯尼亚北部,北接埃塞俄比亚。图尔卡纳湖又被称为"碧玉海",是肯尼亚最大的湖,也是世界上最大的咸水湖之一。

名称的由来

图尔卡纳湖,旧名叫卢多尔夫湖,是西方殖民主义者起的一个名字,卢多尔夫是奥地利王太子的名字。1975年,肯尼亚政府改用居住在湖西岸马赛族一个叫图尔卡纳部族的名称来代替,从此称为图尔卡纳湖。

全景鳄鱼湖中心岛——图尔卡纳湖

▲ 图尔卡纳湖北部

形成原因

图尔卡纳湖是由断层陷落形成的，是东非大裂谷里许多湖泊中的一个。历史上，图尔卡纳湖曾经同尼罗河是相通的，后来由于地壳运动，相互间渐渐失去了联系。

鳄鱼岛

图尔卡纳湖有北岛、中央岛、南岛三座小岛散布湖中。中央岛位于图尔卡纳湖的中部。这里繁衍生息着世界上最大的鳄鱼群之一，有的鳄鱼长达 10 多米。岛上还有长达 2 米的蜥蜴，它们的形态同 1.3 亿年前一样。

▲ 鳄鱼

人类的摇篮

1967 年以来，肯尼亚考古工作者陆续在这里发现大批古人类化石、旧石器和哺乳动物化石，其中石器的年代是在 200 多万年前，由此证明，湖区是人类发源地之一。

"摩天大厦"——白蚁塔

在我们生活的周围常常会看到许多摩天大楼或是造型特殊的建筑物，这些是人类的杰作，不过在动物王国中也有许多能工巧匠，它们是天生的建筑家，白蚁就是其中大名鼎鼎的一个。白蚁在地球上已经生活了2.5亿年，早在人类出现以前，白蚁的"房屋"就已经具有"现代化"的水平了。

各式各样的蚁穴

从外观上看，有的白蚁把椭圆形的蚁巢安在树上，有的在地面上堆起一个土馒头。有的干脆在地下修建"蚁堡"。不过，最著名的还是非洲的大白蚁塔。

白蚁塔是蚁冢的一种，是土栖白蚁在地面下土中筑巢，且巢高出地面形成塔状。

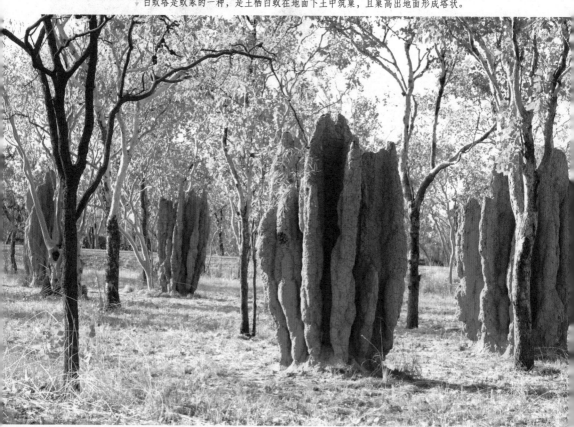

伟大的建筑师

　　非洲的白蚁常用嘴巴将唾液、土壤和粪便混合之后拿来盖房子，整个蚁穴呈圆锥形塔状，远远望去，既似高塔，又像碉堡，所以被叫做白蚁塔。假如白蚁的体形和人类一样大，白蚁塔的高度就相当于人类建造的 2 000 层的摩天大楼。

知 识 小 笔 记

　　热带地区常常发现有百年以上历史的白蚁"古堡"，当地的原住民常用它做仓库。

● 白蚁塔

内部结构

　　"蚁城"里不但有蚁王、蚁后居住的"皇宫"，普通"百姓"起居的蚁巢，还有四通八达，纵横交错的公路网。"皇宫"中还有"空调"，温度和湿度一年四季变化不大，那里既安全又舒适。

北美洲

　　北美洲位于西半球北部。东滨大西洋，西临太平洋，北濒北冰洋，南以巴拿马运河为界与南美洲相分。北美洲中部高原区的五大湖是世界上最大的淡水湖群，有"北美地中海"之称。北美洲西部也是世界上地震频繁和多强烈地震的地带。

活动断层——圣安德烈斯断层

地壳是由六大板块组成的，圣安德烈斯断层即为两大构造板块之间的断裂线，如同一块伤疤从北向南贯穿美国加利福尼亚州。在这里，美洲板块正在向北移动，而太平洋板块则正在向南移动。

概述

圣安德烈斯断层大部分是隐蔽的，但在有些地方则留下了明显的断裂痕迹，最壮观的地方，是在它穿过旧金山以南约 480 千米的卡里索平原处。

与众不同的运动方向

圣安德烈斯断层是南北走向，贯穿加利福尼亚州。它与普通断层不同，一般的断层是两个板块上下错动，而圣安德烈斯断层的两个板块是水平运动的，北美板块向北运动，太平洋板块向南运动。两大板块以每年约 13 毫米的速度相互擦滑而过。

圣安德烈斯断层

引发地震

当板块运动时，它们的通道平滑，就会平安无事；如果相互间摩擦或碰撞，当发生断裂、脱落时，便可能引发大地震。1906年的旧金山大地震就是由于圣安德烈斯断层活动造成的，那场地震造成数千人死亡。现在，约有2 000万人生活在沿断层一带的地震带中。

◀ 圣安德烈斯断层为两大构造板块之间的断裂线

大规模的运动

沿着断层的地壳运动有时达到相当大的规模——裂缝一侧的某条河流的断头与处于裂缝另一侧的这条河流的其余部分竟能偏离120米。

知识·小·笔记

圣安德烈斯断层长1 050千米，伸入地面以下约16千米。

黄石的象征——老忠实间歇泉

老忠实间歇泉是世界上最著名的间歇泉，它被人们看作是美国黄石国家公园的象征，由此可见它在人们心目中的地位有多么高。

"老忠实"名称的由来

据科学家推测，老忠实间歇泉至少喷发了 200 年之久，每一次喷射出大约 4.55 万升水，喷射高度最高可达 45 米，每次喷发时间大约维持在 1.5~5 分钟之间，从不辜负游客的期望，因此获得了"老忠实"的称号。

老忠实喷泉喷发时的壮观景象。

喷发过程

作为一个地热喷泉景观，老忠实喷泉吸引了无数游人前来观看。在喷发前，游客会听到泉口发出巨大的响声，然后就是一股白色水蒸气和沸腾的水从泉口喷涌而出，形成一座白色水柱，给参观者留下了终生难忘的记忆。

老忠实泉的地质状况

老忠实泉所处的地方地壳比较薄，地下熔岩活动频繁。经过熔岩的加热，地下水的温度上升，一部分水变成蒸汽，这样地下水受到的压力会越来越高，最终热水从地层缝隙中喷发出来，形成壮观的喷泉。

光秃秃的地面

据探测，老忠实喷泉喷出的水温度有上百摄氏度，落下来的水温度也在 80℃ 以上，没有哪种植物能在这么高温度的水中存活，因此老忠实喷泉周围是一片光秃秃的不毛之地，游客当然也要和它保持距离，以免被烧伤。

◀ 老忠实喷泉是美国黄石公园中最负盛名的景观。

美国最深的湖泊——火山口湖

火山口湖是美国最深的湖泊，位于美国西北部喀斯喀特山脉南段，轮廓近似圆形，是世界自然奇观之一。火山口湖长9.5千米左右，深589米，是美洲大陆第二深湖。由于湖水非常清澈，湖泊总是呈深蓝色，水温保持在13℃以下，已知的湖泊冰冻也只发生过一次。

知识小笔记

火山口湖直径10千米，面积54平方千米，湖面海拔1 882米，最大深度589米。

形成

火山口原是被冰川覆盖的古火山锥马扎马火山，后来火山喷发，山顶崩陷，形成破火山口，在风化和流水侵蚀作用下，火山口逐渐扩大，积水成湖。以后又曾出现多次小喷发，形成若干火山锥，部分出露湖面成为小岛，其中最大的是威扎德岛，高出水面213米，顶部留有一火山口。

巫师岛

现在一座名为维扎特岛的新火山锥开始在湖中形成。一堆熔岩碎屑被称作"巫师岛"，它就像一块黑色的宝石镶嵌在绿色的湖面上。

火山口湖中心的巫师岛

景色迷人的火山口湖

传说

当地土著人认为直视火山口湖会带来厄运。按照他们的传说，地球之神拔起一座山，把它扔向自己的敌人——地狱之神拉奥。山峰落到了地上，把拉奥永远密封在地底下，但同时也形成了一个巨大的空洞，最终空洞充满水后形成了湖泊。

湖区特点

湖周围被高 150～600 米的熔岩峭壁环绕，火山岩屑经长期风化后，形状奇特，色彩各异。该湖无出入口，全靠降水补给，湖面变动很小，湖水清澈。

火山口湖湖水清澈

优美风景

火山口湖湖畔生长着各种温带、亚寒带植物，松、杉林茂密，夏季野花盛开，空气清新，环境幽美。冬季，积雪装点着群山和林木，一片琼雕玉琢，环绕着绿色的湖水，呈现出一番迷人的景色。1902 年美国政府在此建立了国家公园。

马蹄形瀑布——尼亚加拉瀑布

举 世闻名的尼亚加拉瀑布位于加拿大和美国交界的尼亚加拉河上，它以其宏伟磅礴的气势、丰沛浩瀚的水量而著称，是世界上七大奇景之一，更是北美最壮丽的自然景观。

知识小笔记

尼亚加拉瀑布的三条瀑布流面宽达 1 160 米，落差 51 米。

概述

尼亚加拉瀑布被山羊岛和鲁纳岛分成了三段，分别叫做马蹄瀑布，即加拿大瀑布、美国瀑布和婚纱瀑布，这三条瀑布宽达 1 160 米。

婚纱瀑布

紧挨"美国瀑布"的"婚纱瀑布"则极为宽广细致。它的水流呈旋涡状落下，潺潺的流水、银花飞溅的迷人景色同旁边蔚为壮观的瀑布相比，别有一番风韵。婚纱瀑布就像一片月光，柔和地撒在绝壁之上，令游客陶醉。

大部分尼亚加拉河水从马蹄瀑布冲下，瀑布下岩体受水流的侵蚀，在不断地后退。

马蹄瀑布

马蹄瀑布由于水量大，溅起的浪花和水气有时高达 100 多米。当冬天来临时，瀑布表面会结一层薄冰，此时的瀑布便会寂静下来。阳光灿烂时，这里会出现一座甚至好几座彩虹，见过大瀑布彩虹的人很久都不会忘记它的魅力。

马蹄瀑布形状有如马蹄，在加拿大境内，高达 56 米。

美国瀑布

美国瀑布更让人着迷的是激流冲击瀑布下岩石的情景。瀑布下的岩石层层叠积，犬牙交错，高高的激流冲下来，冲进岩石的缝隙，又纷纷从各条缝隙中窜涌出来，复跌到下层的岩石里去，再从更下层的岩石间喷发而出，纵身一跃，融进滚滚东去的涌流。

美国瀑布在美国纽约州境内，高达 50 米。

植物界的巨人——巨杉

树木不仅以庞大的种群组成了地球上浩瀚的森林,而且以巨大的身躯为人类提供了栋梁之材和舟楫之便。其中,大名鼎鼎的便是美国加利福尼亚的巨杉。

植物界的巨人

巨杉是植物界的巨人,属于杉科,是常绿大乔木。巨杉的学名叫"世界爷",它的树干粗大通直,高耸入云。树干下部没有枝杈,只在上端才伸出侧枝,上面生着鳞状钻形的短叶,辐射伸展,常绿不凋。

知识小笔记

"谢尔曼将军"树高 83 米,胸径 31 米,大约需要 20 个人才可以合抱住。

7 000 万年以前,巨杉广泛分布于北半球,后来经过第四季冰川的活动,它们在地球上渐渐消失了。100 多年前,人们在美国加利福尼亚州的内华达山脉西坡,发现了一些残存的巨杉。

谢尔曼将军

目前,世界公认的最大的巨杉是一株被尊称为"谢尔曼将军"的巨树,树龄 3 500 多岁,重量相当于450 多头非洲象或者 15 头蓝鲸,可以说是生物世界中绝对的冠军。

发现和命名

100 多年前，人们在北美发现了这种巨树，因它的枝叶奇特，所以被称为"猛犸树"或"加利福尼亚松"。1859 年英国人将它命名为"威灵顿巨树"，而美国人却把它命名为"华盛顿巨树"，后来经过植物学家的研究，才将它正式定名为巨杉。

红杉

巨杉有个近亲，叫北美红杉，是世界上最高的树。它们生长在美国加利福尼亚州中部的一小段海岸以及俄勒冈州中部。

红杉的树皮很厚，有很强的抗病虫害和防火能力，使它们长盛不衰，活力常在。

万木之王

据估计，用"谢尔曼将军"树可以制作出 55 753 平方米板材。如果用它们钉一个大木箱的话，足可以装进一艘万吨级的远洋轮船。目前，这株"万木之王"受到了美国政府的特别保护，傲然挺立在内华达山脉西侧的红杉国家公园中。

美国的象征——科罗拉多大峡谷

美国科罗拉多大峡谷是世界上最大的峡谷之一。大峡谷的岩石是一幅地质画卷，反映了不同的地质时期。它在阳光的照耀下还会变幻着不同的颜色，魔幻般的色彩吸引了全世界无数旅游者的目光。许多到过此地的人为之感叹：只有闻名遐迩的科罗拉多大峡谷才是美国真正的象征。

知识小笔记

科罗拉多大峡谷全长446千米，平均宽度16千米，最大深度1 740米，平均谷深1 600米，总面积2 724平方千米。

峡谷的成因

亿万年前，这里也同喜马拉雅山一样，曾是一片汪洋大海，造山运动使它崛起。然而由于石质松软，经过数百万年湍急的科罗拉多河的冲刷，两岸岩壁被摩擦切割成今天世界著名的大峡谷。

科罗拉多大峡谷的形状极不规则，大致呈东西走向，蜿蜒曲折，像一条桀骜不驯的巨蟒，匍匐于凯巴布高原之上。

科罗拉多大峡谷是科罗拉多河的杰作

地理位置

科罗拉多大峡谷位于美国西部亚利桑那州西北部的凯巴布高原上，大致呈东西走向，由于科罗拉多河穿流其中，故名科罗拉多大峡谷。

科罗拉多河

科罗拉多河发源于科罗拉多州的落基山，洪流奔泻，经犹他州、亚利桑那州，由加利福尼亚州的加利福尼亚湾入海，全长2 320千米。"科罗拉多"在西班牙语中意为"红河"，这是由于河中夹带大量泥沙，河水常显红色的缘故。

奇异的色彩

这里的土壤虽然大都是褐色，但当它沐浴在阳光中时，却又扑朔迷离，变幻无穷，时而是紫色，时而是深蓝色，时而是棕色，时而又是赤色，全依太阳光线的强弱而定。此时的大峡谷宛若仙境，七彩缤纷，苍茫迷幻，迷人的景色令人流连忘返。

科罗拉多大峡谷的色彩与结构，特别是那气势磅礴的魅力，是任何雕塑家和画家都无法模拟的。

天雕玉柱——魔鬼塔

美国西部怀俄明州东北部，临贝尔富什河附近草木葱茏的丘陵上矗立着一座巨型圆柱体岩石，这就是著名的美国国家名胜——魔鬼塔。魔鬼塔从一片平地中拔起，气势相当惊人，也因此被电影《第三类接触》描绘成外星人的基地。

庞然大物

魔鬼塔耸立在黑山松林附近的怀俄明州波状平原上，塔基周围林木葱郁。它是方圆数十千米范围内的最高点，在晴朗的天气里，人们能从 160 千米以外看到它。整座塔由赭黄色岩石构成，但其颜色会随着天气和观察方位的不同而变幻。

知识小笔记

魔鬼塔高出贝尔富什河 396 米，但从基座算起高度为 264 米，塔基直径 305 米，自下而上逐渐收缩，顶端直径 84 米。

100 多年前，魔鬼塔已经是冒险者挑战的目标了，如今，每年都有许多人申请攀登魔鬼塔。

冒险者挑战的目标

魔鬼塔上有数百道平行的裂缝，把整座岩石分割成六角形柱，所以，魔鬼塔是北美地区最佳的裂隙攀岩处所之一。

传说

在印第安传说中，魔鬼塔是"熊的居所"，美国印第安的许多部族中都流传着和魔鬼塔相关的神话。流传最广的是两名女孩在这有很多熊的地点玩耍时，被熊设定为猎捕的目标，女孩们拼命逃跑，爬到一块岩石上，向神祈祷，神为救两女孩，命令石头长高，直到熊抓不到女孩为止。

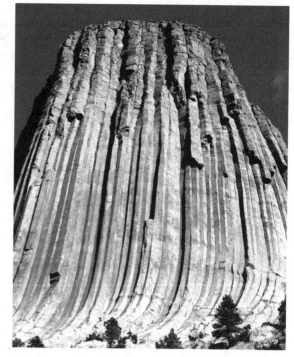

↑ 六角形柱

形成原因

魔鬼塔大约形成于 5 000 万年前，科学家推测魔鬼塔本身应该就是旧有的火山核心。柱状玄武岩是火山熔岩未经爆发、从地底流出后逐渐冷却并龟裂成五角或六角形的柱状节理，所以其线条清晰可见。

奇异的外形使魔鬼塔被印第安人冠以"魔鬼塔"的名字

不断扩大的海湾——冰川湾

冰川湾位于美国阿拉斯加州和加拿大交界处，这里的冰川千奇百怪，有尖如玉笋的冰柱、俨然刀削剑劈的巨大冰崖，还有嶙峋突兀的无数小冰峰。它们的色泽多变，有些如珍珠般洁白，有些像薄荷雪糕的翠绿，也有些似电光般蓝紫，不过，最摄人心魄的，还是亲睹巨大的冰块轰然塌倒水中，激起浪花四溅的磅礴气势了。

航海家的发现

1794 年，英国航海家温哥华乘"发现"号来到艾西海峡时，看到的只是一条巨大的冰川的尽头——堵 16 千米长、100 米高的冰墙。但是 85 年后美国博物学家缪尔来到此地，发现这里已成为广阔的海湾。

知识小笔记

每逢夏季，冰川湾都会成为海豹哺育幼崽的理想场所，此时这里会聚集 4000 多只海豹。

后退的冰川湾

不断后退的冰川湾的森林为熊、狼、山羊和其他陆地野生动物提供了栖息地和迁徙通道。河流的入海口则是迁移水鸟们理想的栖息地。

冰川

冰融胜景

夏季，融化的雪水在冰川底部咆哮，冲蚀出洞穴和沟渠，最终，不断融化的冰川薄得无法支撑时，便轰的一声塌下来。一到夏日，冰川湾内部就回荡着冰块断裂崩落的声音。在最近的几个世纪里，冬季的降雪量不及夏季的冰雪消融量，于是冰川以每年 400 米的速度后退。

冰川湾生物

在冰川湾区内生活着各种各样的动物，如棕熊、黑熊、山地羊、座头鲸、海豹和鹰等。座头鲸跳跃是冰川湾的一大奇观，重达 30 吨的硕大身躯几乎可以完全跃出海面。鲸在海洋发生风暴之时常用力跳出海面，并发出比平时更洪亮的声音。

海豹

冰雪融化时的冰川湾

年轻的冰川湾

两个世纪以前，冰川湾曾经是大西洋冰川，在 200 年的时间里，它以前所未有的冰河融化速度消失了近 95 千米，冰川的消融产生了 20 多个分离的小冰山，其中多数是潮汐冰山。

绿草如茵的水域——大沼泽地

大沼泽地位于美国佛罗里达州的南端，它是一个由石灰岩构成的盆地，盆地覆盖着厚厚的水草。印第安人称这里为"帕里奥基"，意思是"绿草如茵的水域"。这里的环境为无数的鸟类和爬行动物以及海牛一类的濒危动物提供了很好的避难场所。

概述

大沼泽的中央是一条浅水河，河上有无数低洼小岛，星罗棋布。这条河发源自奥基乔比湖，湖水深不及膝，但面积却有 1 965 平方千米。每年 6～10 月雨季高峰时，湖水会溢出堰堤，注入河中。

知识小笔记

整个大沼泽长约为 160 千米，宽约为 80 千米，面积约为 5 670 平方千米。

湿地植被

生长在大沼泽地的植物种类繁多，约有 1 000 余种植物，包括 25 种兰花、120 种树木，如棕榈树、红树林、红橡树和白蜡树等。

红树生长在热带地区的沼泽里，长长的树根伸入泥中。

动物避难所

这里是世界上最大的亚热带野生动物保护区。有 320 种以上的鸟类在这里生活，包括红鹭、南方秃鹰、鹈鹕、苍鹭和白鹭等。沿海水域有 150 余种鱼类，还有 12 种海龟以及佛罗里达海牛和短吻鳄。

大多数白鹭都生活在热带亚热带地区的河流、湖泊和多水的沼泽里。

补给水源

大沼泽地的补给水源是北美除五大湖外的最大湖泊——奥基乔比湖。当奥基乔比河向东南缓缓流淌时，大海与之会合，咸水与淡水在此交融。

大沼泽地国家公园里是世界上最独特的湿地生态系统，它为无数野生动物提供了很好的避难场所。

绚丽的化石木块——石化林

石化林位于美国亚利桑那州北部阿达马那镇四周，这里是世界上最大、最绚丽的化石林集中地。遍布五彩斑斓、如同镶金叠玉的石化树木，年轮清晰、纹理明显，宛如碧玉玛瑙夹杂着片片碎琼乱玉，在阳光之下熠熠发光，使人眼花缭乱，叹为观止。

概述

数以千计的树干化石倒卧在地面上，直径平均在 1 米左右，长度在 15 ~ 25 米之间，最长达 40 米。石化林分 6 片林区，最漂亮的是"彩虹森林"，还有"碧玉森林""水晶森林""玛瑙森林""黑森林"和"蓝森林"。

在化石林国家公园密集的森林区，数以千计的树干化石倒卧在地面上。

🔺 形成原因

　　它们原是史前林木，约在 1.5 亿年前的三叠纪年代，由于洪水冲刷裹带，逐渐被泥土、沙石和火山灰所掩盖，几经地质变迁，沧海桑田，陆地上升，使这些埋藏地下的树干重见天日；可是其木质细胞经历矿物填充和改替的过程，又被溶于水中的铁、锰氧化物染上黄、红、紫、黑和淡灰诸色，这就成了今天五彩斑斓、镶金叠玉的石化树。

● *受到保护的化石树*

🔺 印第安人遗迹

　　早在 6～15 世纪，已有印第安人在石化林地区从事农业生产，今天的人们在这片地区发现了陶瓷碎片。现在，还有几处印第安人废墟和经过重建的印第安人村落供游人参观。

知 识 · 小 · 笔 记

　　石化林占地面积为 381 平方千米。此地的居民还曾用石化树做成房屋和桥梁。

🔺 受到保护

　　无论游客如何喜爱那些琳琅满目的可爱岩片，采撷一两片带回家去却是绝对不允许的。据说，在最早一批探险家发现石化林之前，岩石晶体的颜色非常丰富。后来，随着人们纷至沓来，将晶体开采后运出园外，当时像半透明的紫水晶色、烟白色、柠檬黄色的晶体现在已经见不到了。

└ *色彩绚丽的石化树段*

北美最高峰——麦金利山

麦 金利山地区拥有变幻莫测的高山风、典型的北极植被以及野生动植物。这里大部分地区终年积雪，山间浓雾不断。夏季，紫色的杜鹃和精巧的铃状石南花随处可见。绿色的森林、雪白的山峰、广阔的冰川，在阳光下相互辉映，风光十分优美。麦金利山还是世界登山爱好者的会集之地。

🏔 地理概况

麦金利山位于美国阿拉斯加州的中南部，是阿拉斯加山脉的中段山峰。麦金利山山势陡立，2/3 的山体终年积雪，有南北二峰，雪线高度为 1830 米。南坡降水量较多，冰川规模较大，有卡希尔特纳和鲁斯等主要冰川。

知识小笔记

麦金利山海拔为 6 193 米，为北美洲的第一高峰。

🏔 山地植被

麦金利山区由于受到温暖的太平洋暖流影响，气候比较温和，到夏季时也是青绿一片，海拔 762 米以下是森林，以杉树、桦树林为主。

夏季，麦金利山的山坡上郁郁葱葱。

野生动物保护区

麦金利山也是野生动物的保护区，这里常见的动物有驯鹿、灰熊和麋鹿等。每年6月底到7月初，是驯鹿迁移的季节，成百上千的驯鹿结队而行，朝一个方向行进，十分壮观。冬天过后，它们又沿原路返回。

▲北美驯鹿

▶攀登者挑战
麦金利山

向麦金利山挑战

麦金利山作为北美洲的第一高峰，吸引了世界各地的旅游者和登山者。由于这里的天气变化无常，攀登十分困难，天气突变以及雪崩每年都会造成登山者遇难的悲剧，但这从来没有阻止勇敢的人们以自己的体魄和智慧向麦金利山挑战的决心。

美国的"兵马俑"——布赖斯峡谷

从 美国布赖斯峡谷高原上眺望，千千万万根石柱组成的石柱阵，气势磅礴，气派非凡，它令人想起中国的秦始皇兵马俑。兵马俑呈现的是人类力量的伟大；布赖斯峡谷石柱阵所显现的却是大自然的无比威力。

🗻 地理位置

布赖斯峡谷位于美国犹他州南部、科罗拉多河北岸，它像一个天然的罗马竞技场。当地的派尤特人说该区"直立的红色岩石就像站在一碗形峡谷中的人群"。

知识 小 笔记

布赖斯峡谷的岩石受风霜雨雪的侵蚀，最深处达2 400米。1928年辟为公园。

布赖斯峡谷

形成

约 6 000 万以前，该地区淹没在水里，有一层由淤泥、沙砾和石灰组成的 600 米厚的沉积物。后来地壳运动使地面抬升，水逐渐退去，庞大的岩床在上升过程中裂成块状。岩层经风化后被刻蚀得奇形怪状。岩石所含的金属成分则给一座座岩塔添上了奇异的色彩。

色彩斑斓的峡谷

峡谷内的岩石呈红、淡红、黄、淡黄等 60 多种色度不同的颜色，加上光彩变幻，使岩石的色泽流光溢彩，夺人眼目。冬季的布赖斯峡谷更是别具一格，红石、白雪、蓝天、翠柏，色彩斑斓，风姿楚楚。

◀ 红色的布赖斯峡谷岩石

石柱

石柱咋看整整齐齐，仔细看，有的石柱像佛像，有的则像戴着官帽的大臣，有的独自一个，有的几个几十个连在一起，像国际象棋的棋子密密麻麻地排着。人们不能不惊叹大自然的神奇伟大。

▼ 壮观的石柱群

自然力的杰作——波浪谷

"**这**是一个神奇而不可思议的地方,这是一个即使告诉你地理位置你还是会迷失方向的地方。"这就是位于美国亚利桑那州的波浪谷,因为到处是红色岩石,每一处都很相像,因此在这里非常容易迷路。身处谷中,如同站在巨大的红色旋涡里,甚至有种一切在流动的错觉。

地理位置

波浪谷是位于美国亚利桑那州北部朱红悬崖的帕利亚峡谷,其砂岩上的纹路像波浪一样,所以这片地方叫做波浪谷,是一个由五彩缤纷的奇石组成的风景区。

波浪谷于20世纪80年代被几位美国摄影师无意中发现,他们拍摄的作品也在各种摄影比赛中获奖。

层次清晰的波浪谷的岩石纹路

酝酿

波浪谷展示的是由数百万年的风、水和时间雕琢砂岩而成的奇妙世界。波浪谷岩石的复杂层面是由1.5亿年前侏罗纪就开始沉积的巨大沙丘组成的。在那个时候，这里的地貌好像撒哈拉沙漠一样，沙丘不断地被一层层浸渍了地下水的红沙所覆盖，天长日久，水中的矿物质把沙凝结成了砂岩，形成了层叠状的结构。

形成

这种古老的沙丘最后形成了被地理学家称为"纳瓦霍沙岩"的地貌。后来，随着科罗拉多平原的上升，加上漫长的风蚀、水蚀，峡谷里砂岩的层次逐渐清晰地呈现出来。平滑的、雕塑感的砂岩和岩石上流畅的纹路创造了一种令人目眩的三维立体效果。

知 识·小·笔 记

为了保护波浪谷这一自然奇观，每天前往参观的人仅限 20 名。

岩石的纹路

纤细的岩石纹路清楚地展示了沙丘沉积的运动过程。纹路的变化反映出每一层砂岩随着沉积矿物质的含量不同而产生的颜色深浅差异。红色主要是由铁和锰的氧化而产生，这些颜色不是一成不变的，往往在交错处和角落里形成更加复杂与抽象的图案。

置身于波浪谷中，即使告诉你地理位置，你还会迷失方向。

美洲"火焰山"——死亡谷

美国内华达州与加利福尼亚州相连处的死亡谷中到处是悬崖绝壁，地势十分险恶，这里也是北美洲最炽热、最干燥的地区。在非常遥远的古代经历了多次沧海桑田的变化，才演变成今天奇特的面貌。

死亡谷的荒地

🔺 形成

死亡谷形成于 300 万年前，由于地球重力将地壳压碎成巨大的岩块，部分岩块凸起成山，部分倾斜成谷。直至冰河时代，排山倒海的湖水灌入较低地势，淹没整个盆底，再经过几百万年太阳的酷晒，这个太古世纪遗留下来的大盐湖终于干涸而尽。如今展露在大自然下的死亡谷只是一层层泥浆与岩盐层的堆积。

🔺 气候特点

死亡谷处于北美大陆的最低点，西侧的内华达山脉阻挡了大西洋吹来的水汽，因此死亡谷终年干燥。炎热的夏季里，空气湿度可达到零，也就是说，你感到非常热，身上却不会见一点汗。

人类的地狱

据说，1949 年，美国有一支寻找金矿的勘探队伍因迷失方向而涉足其间，几乎全军覆灭，几个侥幸脱险者不久后也神秘地死去。此后，有些前去探险的人员，也屡屡葬身谷中，至今仍然未能查出死亡的原因。

死亡谷地势险峻，这里对禽兽极宽容，生活着多种野生动物。

动物的天堂

这个地狱般的死亡谷竟是飞禽走兽的天堂。这里生存着 200 多种鸟类，19 种蛇类，17 种蜥蜴，还有 1 500 多头野驴在那里悠然自得，逍遥自在。至今，谁也弄不清此谷为何独对人类这么凶残，而对动物却如此仁慈。

知 识 小 笔 记

死亡谷长 225 千米，宽 6 ~ 26 千米，拥有"死人山口""干骨谷"和"葬礼山"等不吉祥的别称。

魔鬼三角——百慕大群岛

百慕大群岛位于大西洋的西部，距北美大陆约930千米，由7个主岛，150个小岛和许多岩礁组成，总面积约53平方千米。1515年西班牙航海家胡安·德·百慕德斯乘船从这里经过时发现了它们，于是便取名为百慕大群岛。

风光旖旎的海滩

🌋 火山岛

百慕大群岛是从海底突然"冒"出来的。在距今几百万年以前，在这片海区的海底，曾经发生过一次剧烈的火山喷发。炽热的熔岩流从地幔通过一个个火山口冒出来，结果形成了许多圆锥状的小山。这些小山越"长"越高，最终冒出了海平面，形成了大大小小的岛屿，在这些星罗棋布的岛屿中，大约只有20个岛屿有人居住。

1515年西班牙航海家胡安·德·百慕德斯乘船从这里经过时发现了它们，于是便取名为百慕大群岛。

赏花路

百慕大群岛气候温暖湿润，植物四季常绿，由百合花、夹竹桃、一品红、木槿和牵牛花组成的5条"赏花路"，岛上空气非常清新。

知识小笔记

虽然"百慕大三角"是传说中的恐怖海域，但它的海底世界同样生机勃勃，其中不少还是百慕大独有的新物种。

▲ 翱翔中的百慕大海燕

百慕大海燕

由于群岛面积小，又远远孤立于大洋之中，这里海鸟很多，其中有一种叫百慕大海燕，是一种十分珍奇的鸟类，在绝迹300多年之后，于1951年人们才重新发现了它。

"魔鬼三角"

百慕大群岛水下岩石密布，暗礁丛生，洋面上暖流浩荡，旋涡连连，天空风云变幻，风暴肆虐，常常掀起倒海巨浪。由于气象变化复杂，地形险恶，百慕大海域屡屡有船只和飞机遇难的事件发生，因此百慕大海域被人们称为"魔鬼三角"。

百慕大群岛呈鱼钩状分布

北美大陆地中海——北美五大湖

在加拿大和美国交界处，有闻名世界的五大淡水湖，湖区的面积和英国本土的面积差不多，是世界上最大的淡水湖群，素有"北美大陆地中海"之称。五大湖按大小依次为苏必利尔湖、休伦湖、密歇根湖、伊利湖和安大略湖。

五大湖的形成

五大湖地区曾受到大陆冰川的侵袭，冰川所携带的泥沙和大小石块在这里不断堆积，形成了目前五大湖巨大的湖盆。气候转暖时，大陆冰川开始消退，融化的冰水就形成了五个大的湖泊。五大湖从形成至今，已有大约1.2万年的历史。

知 识 小 笔 记

五大淡水湖，湖区东西延伸约 1 400 千米，南北宽约 1 100 千米，总面积约为 245 000 平方千米。

休伦湖

休伦湖是第一个被欧洲人所发现的湖泊，湖面积 59 570 平方千米，湖泊水质好，盛产鱼类。湖岸有沙滩、砾石滩和悬崖绝壁，风景优美，是休养、娱乐的胜地。主要港口有罗克波特、罗杰期城等。

休伦湖

苏必利尔湖

苏必利尔湖是五大湖中最大的一个，也是世界上最大的淡水湖泊，面积82 410平方千米，是亚洲最大淡水湖贝加尔湖的2.6倍，是南美洲最大淡水湖的的喀喀湖的10倍。

↑ 苏必利尔湖

↑ 五大湖之一的密歇根湖，位于美国东北部。

密歇根湖

密歇根湖也叫密执安湖，是唯一全部属于美国的湖泊，水域面积57 757平方千米，湖区气候温和，大部分湖岸为避暑地。南端的芝加哥为重要的工业城市，并有很多港口。

伊利湖

伊利湖是五大湖中最浅的一个，湖水面积25 667平方千米，主要港口有美国的克利夫兰、阿什塔比拉等。

安大略湖

与其他的4个湖相比，安大略湖更加迷人。飞溅直下的尼亚加拉瀑布早已成为它和其他4个湖之间的一座虚幻的屏障，而奔流在安大略湖东端的圣劳伦斯河又把安大略湖水引向大海。

→ 鸟瞰安大略湖

美国第一长河——密西西比河

密西西比河就像一条乳白色的飘带，由北向南镶嵌在美利坚合众国的大地上。河上一队队一列列驳船南来北往，呈现出一派繁忙的景象。滔滔不绝的河水像乳汁一样抚育着密西西比河整个流域的人们，美国人民感恩于密西西比河的慷慨，将密西西比河又尊称为"老人河"。

知识小笔记

密西西比河长 6 262 千米，是仅次于埃及尼罗河、巴西亚马孙河、中国长江的世界第四长河。

源头

密西西比河干流发源于苏必利尔湖以西，美国明尼苏达州西北部海拔 501 米的艾塔斯卡湖，向南流经中部平原，注入墨西哥湾，是北美大陆上流程最远、流域面积最广、水量最大的水系。

植被茂盛的密西西比河沿岸

上游

密西西比河上游包括其最大支流密苏里河和密苏里河口以上的干流部分，全长达4300多千米，流经落基山地，蜿蜒于森林和沼泽之中，水流和缓，弯弯曲曲，沿岸形成许多风景秀丽的峡谷。

↑ 密西西比河的中游河段

↑ 早在19世纪末期，密西西比河就成为美国航运最重要的大河之一。

中游

密西西比河的中游河段比较短，一般从密苏里河与密西西比河汇合处算起，直到俄亥俄河口为止，全长320千米。这里终年温暖多雨，作物生长良好，水流稳定，航道深阔，航运价值很大，是美国经济比较发达的平原地区。

巨大的航运价值

密西西比河的航运价值很大，除干流外约有50条支流可以通航，水深2.7米以上的航道总长近25 000千米，流域内还有多条运河与五大湖及其他水系相连，是世界上航运货量最大的河流。

南美洲

　　南美洲位于西半球的南部，以巴拿马运河为界同北美洲相分，大陆地形包括山地、高原和平原三部分，其中安第斯山脉是世界上最长的山脉，亚马孙平原是世界上面积最大的冲积平原。南美洲气候温暖湿润，是世界上火山较多、地震频繁的大洲。

河流之王——亚马孙河

亚马孙河是拉丁美洲人民的骄傲。它浩浩荡荡，千回百转，蜿蜒流经秘鲁、巴西、玻利维亚、厄瓜多尔、哥伦比亚和委内瑞拉等国，滋润着800万平方千米的广袤土地，约占南美洲陆地面积的40%。

地理概况

亚马孙河是仅次于尼罗河的世界第二长河。它发源于南美洲安第斯山中段，秘鲁的科罗普纳山东侧的米斯米雪峰之巅，在巴西的马腊若岛附近流入大西洋。

知·识·小·笔·记

亚马孙河全长 6 400 多千米，大部分河段位于巴西境内。

◀ 亚马孙河穿过的热带雨林是世界上最大的热带雨林

名字的由来

16 世纪，西班牙人在亚马孙河探险时，受到了当地印第安妇女的猛烈进攻。这些妇女勇敢剽悍，像希腊神话中拉弓搭箭的"亚马孙"女战士。后来，亚马孙也就成了这条河的名字。

流域面积最广的河流

亚马孙河共有 15 000 条支流,分布在南美洲大片土地上,流域面积几乎大如澳洲,居世界第一位。亚马孙河水量充沛、水力澎湃,流量比密西西比河大 10 倍,比尼罗河大 60 倍,占全球入海河水总流量的 1/5。河口淡水冲入大西洋中达 160 多千米。

◀ 亚马孙河流域是世界最大的河流流域。左图中的亚马孙河如一条玉带在热带雨林中蜿蜒穿行。

通航最长的河流

亚马孙河还是世界上通航最长的河流。1969 年,美国地理学会考察队自秘鲁的圣佛西斯科顺流而下航行,直至巴西的贝伦,航程长达 6 187 千米,这是世界上任何河流都无法比拟的。

亚马孙河

落差最大的瀑布——安赫尔瀑布

安赫尔瀑布隐藏在委内瑞拉的高山密林之中,远看如在大石盆上挂下的白色练带;近看势如闪电的飞虹,溅得满山谷珠飞玉溅、云雾蒸腾、山谷轰鸣。再加上瀑布两旁的参天古木和嶙峋山石,愈显气势磅礴,神秘而幽深。

▲ 安赫尔瀑布

地理位置

安赫尔瀑布位于委内瑞拉东南部,卡罗尼河支流的卡劳河源流丘伦河上,气势雄伟、景色壮观,果真应了那句"飞流直下三千尺,疑是银河落九天"的著名诗句。当地的印第安人取名为丘伦梅鲁瀑布。

知 识 小 笔 记

安赫尔瀑布是一条多级瀑布,落差约 979.6 米。

发现瀑布

1935 年,西班牙人卡多纳首次发现了原本只有当地印第安人才知晓的丘伦梅鲁瀑布。1937 年,美国探险家安赫尔为了寻找黄金,驾驶飞机飞越委内瑞拉高地时无意发现了瀑布,后来他又对瀑布考察时坠机,为了纪念他,委内瑞拉政府将瀑布以"安赫尔"命名。

落差最大的瀑布

安赫尔瀑布是世界上落差最大的瀑布，丘伦河水从平顶高原奥扬特普伊山的陡壁直泻而下，几乎未触及陡崖，瀑布分为两级，先泻下 807 米，落在一个岩架上，然后再跌落 172 米，落在山脚下一个宽 152 米的大水池内。它比世界第二高瀑布——非洲的土格拉瀑布高 126 米。

▶ 安赫尔瀑布有如一条美丽如丝绸的瀑布倾泻而下

难识"庐山真面目"

今天的安赫尔瀑布虽然驰名世界，然而，能够有机会亲眼目睹其"芳姿"的人还是为数寥寥。层层茂密的原始森林遮蔽了游人的视线，不可能步行抵达瀑布的底部。雨季时，河流因多雨而变深，人们可以乘船进入。在一年的其他时间里，只能租乘飞机从空中观赏瀑布。

▼ 安赫尔瀑布从悬崖上飞泻直下，宛如一条英姿勃勃的银龙从天而降，发出隆隆的雷鸣声。

最宽的瀑布——伊瓜苏瀑布

伊 瓜苏瀑布是世界上最宽的瀑布,位于巴西和阿根廷交界的伊瓜
苏河下游,河水顺着倒 U 形峡谷的顶部和两边向下直泻,形成
一个景象壮观的半环形瀑布群,在阳光照射下形成无数光怪陆离的彩
虹,雄奇俊美,蔚为壮观。

▲ 伊瓜苏瀑布

🔺 瀑布的形成

伊瓜苏河在阿根廷与巴西边境,陡然遇到一个峡谷,河水顺着倒 U 形峡谷的顶部和两边向下直泻,凸出的岩石将奔腾而下的河水切割成大大小小 270 多个瀑布,形成一个景象壮观的半环形瀑布群。

🔺 魔鬼喉

伊瓜苏瀑布与众不同之处在于观赏点多,从不同地点、不同方向、不同高度,看到的景象不同。峡谷顶部是瀑布的中心,水流最大最猛,人称"魔鬼喉"。

伊瓜苏瀑布是世界上最宽的瀑布

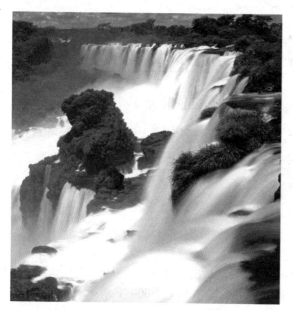

历史传说

当地有这样一个美丽的传说:某部族首领之子站在河岸上,祈求诸神恢复他深爱的公主的视力,所得回复是大地裂为峡谷,河水涌入,把他卷进谷里,而公主重见光明,成为第一个看到伊瓜苏瀑布的人。

伊瓜苏瀑布的最大魅力,除了它拥有世界上最宽阔的大水风景外,归根结底,还是那份给人时空恍惚但又永恒的错乱感觉。

伊瓜苏河

伊瓜苏河发源于库里蒂巴附近的马尔山脉,沿途接纳大小支流约 30 条,流至伊瓜苏瀑布处,河面宽约 4 000 米,河中大小岩岛星罗棋布,把河水分隔成一系列急流,因而形成世界上最宽的瀑布。

知识·小·笔记

伊瓜苏瀑布的平均落差约为 80 米,宽约为 4 000 米。

自然博物馆——加拉帕戈斯群岛

加拉帕戈斯群岛是当今世界上少有的奇花异草荟萃之所、珍禽异兽云集之地。在这个群岛上，生活着700多种地面动物，80多种鸟类和许多昆虫，其中以巨龟和大蜥蜴闻名世界。加拉帕戈斯群岛被称为"世界最大的自然博物馆"。

🔺 地理位置

加拉帕戈斯群岛位于太平洋东部的赤道上，是由7个大岛，100多个小岛组成的。现在它是厄瓜多尔共和国的一个省，离厄瓜多尔本土1 000千米。

加拉帕戈斯群岛巨人龟

🔺 大海龟

大海龟是岛上最奇特的动物，它们可以长到1米多长，200多千克重，背上可以驮一两个人。龟的性格都很温顺，喜欢生活在海岸边草丛里，以仙人掌为主食。1535年，西班牙人第一次来到这里时，发现岛上到处都是大海龟，就给这个群岛取名为"加拉帕戈斯"，意思就是"龟岛"。

特殊的自然环境

加拉帕戈斯群岛虽然距赤道不远，但由于受秘鲁寒流的影响，形成了既干燥又凉爽的气候，所以，这里有极地才能生存的企鹅、信天翁、海豹，还有热带的动物火烈鸟、鹈鹕等。

知 识 小 笔 记

加拉帕戈斯群岛面积约7 500平方千米。

鹈鹕，在野外常成群生活，每天除了游泳外，大部分时间都是在岸上晒晒太阳或耐心地梳洗羽毛。

闻名遐迩的鬣蜥

这里还因为生存着闻名遐迩的史前爬虫类动物海鬣蜥而引起全世界的关注。这种地球上唯一尚存的海鬣蜥可以在海底爬行，它们以海草为食，并且通过发育不完全的蹼足适应了海上的生活方式。

海鬣蜥

高原明珠——的的喀喀湖

的 的喀喀湖是南美洲地势最高、面积最大的淡水湖,也是世界上最高的淡水湖之一,它位于玻利维亚和秘鲁两国交界的科亚奥高原上,其中2/5在秘鲁境内,被称为"高原明珠"。湖周围群山环绕,峰顶常年积雪,风景十分秀丽。

形成原因

的的喀喀湖形成于古地质时期的第三纪,在强烈的地壳运动中,随着科迪勒拉山系隆起及巨大的构造断裂,在东科迪勒拉山脉和西科迪勒拉山脉之间,形成了一条西北—东南走向的构造盆地,的的喀喀湖就位于该构造盆地中。

的的喀喀湖是世界上最高的适合航行的淡水湖,湖区环境优美,周围土地肥沃。

注入河流

有25条河流注入的的喀喀湖中,最大的一条是自西北注入的拉米斯河。烈日和燥风使湖水蒸发量极大,而经德萨瓜德罗河排出的湖水量只相当于入湖水量的5%。

的的喀喀湖面积大约 8 330 平方千米，海拔 3 812 米，水深平均 100 米，最深处可达 256 米。

岛屿

湖中有 41 个岛屿，其中，位于玻利维亚境内的太阳岛、月亮岛点缀湖中，两岛的岩石呈棕、紫两色，湖光岛色，交相辉映，格外美丽。

▲ 乌鲁斯人在漂流岛上用芦苇编制的茅屋

神奇的漂流岛

乌鲁斯人的漂流岛是的的喀喀湖上最受欢迎的旅游景点。乌鲁斯人用芦苇根造出巨大的浮岛，在岛上用芦苇造房子，造船，造一切生活必需品。最大的一个漂流岛上还有学校、邮局和商店。

自然环境

的的喀喀湖是一个内陆淡水湖。它海拔高而不冻，处于内陆而不咸。这是因为湖的四周雪峰环抱，湖水不断得到高山冰雪融水的补充，故而湖水不咸；又因为湖泊地处安第斯山的屏蔽之中，高大的安第斯山脉阻挡了冷气流的侵袭，所以湖水终年不冻。

↓ 秘鲁的的喀喀湖渔场

会行走的冰川——莫雷诺冰川

莫雷诺冰川位于南美洲南端，南纬52°附近，属巴塔哥尼亚高原阿根廷圣克鲁斯省，是地球上冰雪仍在向前推进的少数活冰川之一。莫雷诺冰川有20万年历史，在冰川界尚属"年轻"一族。

知识小笔记

莫雷诺冰川有20层楼之高，绵延30千米。

年轻的冰川

冰川是指由降落在雪线以上的大量积雪在重力和巨大压力下形成的巨大冰体，一般都经历较长的形成时间，年龄只有20万年的莫雷诺冰川属于"年轻"一族。世界上的冰川大都是处于停滞状态，但莫雷诺冰川却"活着"，是指它还在生成，而且每天都在向前推进30厘米。

▽ 莫雷诺冰川

警钟

1988 年之前，莫雷诺冰川每四年才发生一次崩裂现象，现在因为大气污染，温度上升，每 20 分钟就崩裂一次，有人说它是大气污染指数的警钟。

● 莫雷诺冰川

△ 莫雷诺冰川有 20 层楼之高，绵延 30 千米。

冰川崩裂的原因

导致冰块崩裂的原因是全球气候变暖，掉落湖中的冰块融解成浮冰，使得湖面水位不断上升。而上升的水位又不断冲刷冰河，加快了冰河崩解的速度，冰河上清晰可见道道裂痕，这更加证明地球变暖的脚步没有减缓，反而是越来越快了。

"冰崩"奇观

莫雷诺冰川附近还有一个名叫兀沙拉的冰川，比莫雷诺更大，但论气势，仍是莫雷诺冰川最美。这里会聚了几十条冰流和冰块，每隔 20 分钟左右就可以看到"冰崩"奇观：一块块巨大的冰块沉入阿根廷湖，一声声震耳欲聋的响声让人屏息凝注，但很快，一切又都归于平静。

大洋洲和南极洲

　　大洋洲和南极洲都位于南半球，其中，大洋洲世界上面级最小的大洲，其大陆海岸线漫长，全洲地势低缓，岛屿众多，有大陆岛、火山岛和珊瑚岛等。而南极大陆除了不到2%的地方有裸露的山岩而外，其余98%的地方都是冰雪覆盖的土地。

海洋生态奇观——大堡礁

大堡礁由400多种绚丽多彩的珊瑚礁组成,造型千姿百态,有的似开屏的孔雀,有的像雪中红梅;有的浑圆似蘑菇,有的纤细如鹿茸;有的白如飞霜,有的绿似翡翠……从上空俯瞰,若隐若现的礁顶如艳丽的花朵,在碧波万顷的大海上怒放。

🔺 地理位置

大堡礁位于澳大利亚昆士兰州以东,巴布亚湾与南回归线之间的热带海域,沿澳大利亚东北海岸线绵延2 000余千米,东西宽20 ~ 240千米。

知识小笔记

大堡礁是世界上最大、最长的珊瑚礁区,被称为"透明清澈的海中野生王国"。

🔺 组成

大堡礁由3 000个不同阶段的珊瑚礁、珊瑚岛、沙洲和泻湖组成,总面积达20.7万平方千米。大堡礁退潮时,约有8万千米的礁体露出水面,而涨潮时,大部分礁体被海水掩盖,只剩下600多个岛礁忽隐忽现。

空中拍摄的大堡礁

大堡礁的"建筑师"

珊瑚虫是大堡礁的建筑师，它们以浮游生物为食，群体生活，能分泌出石灰质骨骼。老一代珊瑚虫死后留下遗骸，新一代继续发育繁衍，像树木抽枝发芽一样，向高处和两旁发展。如此年复一年，日积月累，珊瑚虫分泌的石灰质骨骼，连同藻类、贝壳等海洋生物残骸胶结一起，堆积成一个个珊瑚礁体。

↑ 美丽的大堡礁风光

↑ 大堡礁海底的景象

海洋生物博物馆

大堡礁也是一座巨大的天然海洋生物博物馆。礁上椰树、棕榈树挺拔遒劲，藤葛密织，郁郁葱葱。珊瑚丛中游弋着1 500种鱼和4 000种软体动物，这里也是儒艮和大绿龟等濒临灭绝动物的栖息之地，有长近1米的大龙虾、上百千克重的砗磲，还有成群的海鸟如云遮空，更为大堡礁增添勃勃生机。

千奇百怪的鱼

大堡礁海域生活着大约1 500种热带海洋鱼类，有泳姿优雅的蝴蝶鱼，有色彩华美的雀鲷，漂亮华丽的狮子鱼，好逸恶劳的印头鱼，脊部棘状突出并且释放毒液的石头鱼，还有天使鱼、鹦鹉鱼等各种热带观赏鱼。

↑ 大堡礁海底各种各样的鱼

最大的岩石——艾尔斯巨石

在 澳大利亚大陆中央的荒原上耸立着一块世界上最大的岩石——艾尔斯巨石，它气势雄峻，犹如一座超越时空的自然纪念碑，突兀于茫茫荒原之上。艾尔斯巨石最神奇、最迷人之处是它一天之内会随着时间的流逝变幻出七彩颜色。

地理位置

艾尔斯巨石位于澳大利亚中北部的艾丽斯斯普林斯西南方向约 340 千米处，东高宽而西低窄，是世界上最大的整体岩石。

知 识 小 笔 记

艾尔斯巨石高 348 米，长 3 000 米，基围周长约 8.5 千米。

神奇的巨石

当太阳从沙漠的边际冉冉升起时，巨石"披上浅红色的盛装"，鲜艳夺目、壮丽无比；到中午，则"穿上橙色的外衣"；当夕阳西下时，巨石则姹紫嫣红，在蔚蓝的天空下犹如熊熊的火焰在燃烧；到夜幕降临时，它又匆匆"，风姿卓越地回归大地母亲的怀抱。

艾尔斯巨石

巨石的形成

约5亿年前，澳大利亚中部一度是海洋，底部堆积着一层层软沙，后来经地壳运动向上抬升而形成了这座岛山。巨石的大部分仍在地下。

岩石表层的红色在夕阳的怀抱中显得非常与众不同

土著人心中的"圣石"

当地人称艾尔斯巨石为乌卢鲁巨石，是西部沙漠地区土著人宗教、文化、土地和经济关系的焦点，是他们心中的"圣石"，许多部落的土著人都在这里举行成年仪式和祭祀活动等。

艾尔斯巨石底面呈椭圆形，形状有些像两端略圆的长面包。

变色的缘由

地质学家认为艾尔斯巨石变色的缘由与它的成分有关。巨石实际上是岩性坚硬、结构致密的石英砂岩，岩石表面的氧化物在一天阳光的不同角度照射下，就会不断地改变颜色。

荒原上的"岛山"——奥尔加山

离艾尔斯巨石30多千米处，有个由36块峻峭的砾岩穹丘组成的巨石阵，土著人叫其为"卡塔丘塔"，也叫"奥尔加斯"，即"多头"多个脑袋的意思。这一地区表面突兀不平，多个山头交错，有的独立，有的连接，最高的山头叫"奥尔加"山。

知识小笔记

奥尔加山巨石垂直隆起550米，差不多有两个法国巴黎埃菲尔铁塔的高度。

奥尔加山的形成

最初，它们只是海底下的岩块，渐渐地被捣成卵石和巨砾，与沙子黏结在一起。大约5亿年前，地壳运动将这些岩石抬升到海面上，同时向侧面倾斜，风和水将它们侵蚀成我们看到的穹丘。据当地土著部落传说，奥尔加山形成于史前的"黄金时代"。

外貌特征

奥尔加山犹如从海面上浮出的怪兽，耸立于澳大利亚的荒原之上，又好像是从朦胧的海上升起来的红色岩岛，因此又被称为"岛山"。从上空俯瞰，如同顽皮的孩童在扎堆观看热闹的木偶剧。

奥尔加山由30多块红色砾岩穹丘组成，矗立在马斯格雷夫岭以北的荒漠平原上。

🏔 神秘的山峦

山峦里面神秘莫测，是对外封闭的禁地，不允许游客进去，否则便是亵渎神灵，神就会降祸降灾，传言有声有色，神乎其神。听说连土著男性也大都不敢贸然进入。当然，游人也只能止步于山脚之下了。

神秘的山峦

🏔 更具活力的奥尔加山

奥尔加山岩面裂缝中多处有清水，所以各种野生植物和动物能生存其中，比艾尔斯巨石更具有活力。奥尔加山附近还有一些珍贵或濒危动植物。植物主要是半沙漠植物，有小尤加利树、沙栎、硬木树等。动物则包括大袋鼠、澳洲野犬、鸸鹋和蜥蜴等。

澳洲野犬

恐怖的沉船海岸——海难海岸

在 能够对海上航行提供现代化救援的时代到来之前，船员们对澳大利亚维多利亚州海岸的恐惧远远甚于沿该大陆的其他水域。这里激浪汹涌，到处是巨石、岩柱和悬崖，它们或露于海面，或隐藏在海下。该海岸长约320千米，其中译名"海难海岸"的一段是80多起海难的出事地点。

知识小笔记

"海难海岸"长120千米左右，如今，澳大利亚已经将其辟为国家公园。

海难海岸的形成

海难海岸处悬崖曾是海底的一部分，由贝壳、淤泥和石灰岩构成。在2 500万年以前，海底比现在高约100米。当海水下落时，悬崖就变成了海岸线。有"十二使徒"之称的石柱曾是大陆的一部分，澎湃的波浪将其与大陆分离。

十二门徒石柱

十二使徒

在海岸上错落有致地矗立着十二个形象各异的塔状石柱，石柱沙土裸露，呈黄白色，映衬在翡翠般碧绿的海水上，色泽分明，十分抢眼，这就是著名的"十二使徒"，它们在昼夜不息的太平洋海浪不断地冲刷下，使其从大陆分离。

▶ 至今，部分石柱仍以不同造型风姿绰约地屹立在海上。

↑ 大群的鲸在这里繁殖

鲸繁殖场

在瓦南布尔，沿海岸有一个"鲸繁殖场"参观区。冬季时，南方的成年鲸聚集在海岸附近产仔。小鲸出生时重 4 ~ 5 吨，非常顽皮，惹人喜爱。

大海——资深的艺术大师

海浪把维多利亚州南部海岸岸边的悬崖切开了许多大大小小的口子，使之形成了许多小湾。大海是资深的艺术大师，浪花是神奇的雕刻刀，常年的辛苦劳作，才使海岸礁石呈现出如此奇特的自然景观。

▶ 海难海岸奇特的景观，都是大自然的杰作。

火山公园——夏威夷火山岛

夏威夷群岛是火山岛，也是太平洋上有名的火山活动区，因为这些岛屿正位于太平洋底地壳断裂带上。直至现在，一些岛上的火山口还经常发生火山喷发活动。如夏威夷岛上的基拉韦厄火山、冒纳罗亚火山都是经常喷发的现代活火山。

知 识 小 笔 记

冒纳罗亚火山海底椭圆形基底的长轴 119 米，短轴 85 千米。

冒纳罗亚火山

冒纳罗亚火山位于夏威夷群岛的中部，海拔 4170 米，从海底算起高 9300 余米，是世界上最高大的活火山之一，平均每 3 年喷发一次。它在地面上的覆盖面积达到了 5180 多平方千米。

无所不摧的岩浆

火山喷发口活动强烈时，岩浆会沿着山坡向下流，一直流淌到远在几十千米外的太平洋里，并发出咆哮的声响，有时可持续几个月。岩浆流过的地方，房屋树木全被吞没。岩浆冷却后，便形成山坡上坚硬的熔岩覆盖层，寸草不生。

夏威夷火山熔岩

火山爆发

　　在过去的 200 年间，冒纳罗亚火山约喷发过 35 次。1959 年 11 月爆发时沸腾的岩浆冒着气泡从一个长达 1.5 千米的缺口处喷射出来，持续了一个月之久，岩浆喷出的最高高度超过了纽约的帝国大厦。

　　↑ 冒纳罗亚火山是夏威夷群岛上最著名的火山

自然环境

　　夏威夷群岛一年四季气温都在 14 ~ 32℃，变化很小而且雨水充沛，许多丘陵和山地，都被浓密的森林和草地覆盖着。在夏威夷各岛上，一年四季都可以看到盛开的鲜花。

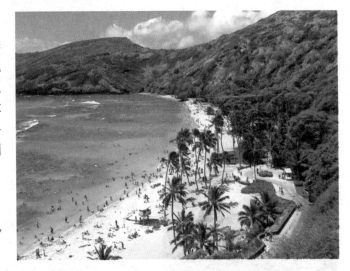

　　↑ 夏威夷岛屿位于热带海洋上，终年温暖潮湿。

昆虫的家园

　　夏威夷群岛是昆虫的家园，仅蝴蝶就有万种以上，而且有些品种是这个群岛上特有的。有一种蝴蝶叫"绿色人面兽身蝶"，是世界上少见的大蝴蝶，它的翅膀展开时长达 10 厘米。

高山峡湾之胜——米佛尔峡湾

新西兰的冰川美景，似乎在米佛尔峡湾被诠释得最为透彻。这里青山凝碧、绿水含幽、怪石嶙峋、瀑布飞泻，巍峨的冰川和白雪皑皑的山岭，无不让人惊叹大自然的神奇与伟大。米佛尔峡湾是世界著名的壮丽峡湾，同时也是最完美地保存了新西兰自然景观的一处峡湾。

博恩瀑布

地理概况

米佛尔峡湾位于新西兰南岛西南端，据说这是200万年前，由几千米厚的巨大冰川移走后留下的幽深峡谷再灌入海水而形成的，其中最长的嵌入陆地40千米。

峡湾景观

峡湾两岸是陡峭的岩壁。从海面垂直拔地而起的米特峰和象山高度分别为1692米和1517米，它们组成峡湾中最具象征性的景观。无数条瀑布挂在峭壁上，像天河一样飞泻下来直入大海，其中最大的博恩瀑布落差达160米。

珍禽异兽的栖息地

数千万年来,新西兰南岛与其他陆地隔绝,因而这里生存着许多特殊的物种,如著名的新西兰秧鸡、几维鸟等。峡湾内还生活有宽吻海豚、新西兰长毛海豹、海狮和峡湾顶冠企鹅等,并且这里还是各种海鸟的乐园。

几维鸟是新西兰特有的一种鸟类,也是新西兰的"国鸟"。

独特的水底环境

由于有大量淡水从周围的山上泄入峡湾,峡湾海面表层积有很厚的淡水,使峡湾下面的海水温度不易扩散,同时也抑制了海潮的作用,加上两岸高山在水中形成阴影,造成了与深海相似的独特峡湾水底环境。通常生长在数十米至上千米峡湾深海处的黑珊瑚,在峡湾水深不足 30 米的浅海里也可看到。

到米佛尔峡湾可以潜入水深不足 30 米的浅海里,一睹黑珊瑚的"芳姿"。

知 识 小 笔 记

米佛尔峡湾的山壁被垂直冰蚀达 1 000 米以上。

米佛尔峡湾岸边山峰林立,注入湾内的海水清澈透明,山水相映,景色宜人。

海洋活火山——新西兰怀特岛

新西兰仿佛是一个微型地球,拥有雪山、沼泽、火山、冰河等各种地貌。怀特岛是新西兰唯一的海洋活火山,虽然火山口低于海平面,却因四周高耸的岩壁形成了天然屏障,造就出独一无二的水平线下活火山。怀特岛是新西兰最令人惊奇的自然奇观之一。

知识小笔记

新西兰怀特岛的陆地游览面积约 4 平方千米。

地理概况

位于新西兰丰盛湾的怀特岛由三座火山锥组成,它是新西兰最活跃的火山,形状像马蹄。最年轻的火山锥经常喷发,热水、蒸汽和有毒气体从火山口溢出。有记录温度曾达到 800℃。火山口的地面被火山灰覆盖。在过去,此岛盛产硫磺矿,现在这里已经是风景保护区。

怀特岛火山是新西兰喷发容量最大,连续不断最活跃的火山。

封闭的火山口

远眺怀特岛,它的火山口低于海平面,四周有高耸的岩壁挡住海水。虽然小岛被茫茫大海所围绕,但火山口上却已形成了一个封闭区,不会被海水侵袭。封闭区聚积着的酸性热水是由雨水所形成的。

科学价值

小岛的火山结构已有 200 万年历史，而火山本身则有 10 万 ~ 20 万年的历史。由于怀特岛很容易到达，因此它在世界科学家和火山学家心目中占有极重要的地位。

喷气洞

火山岛上有许多喷气洞，每一个喷气洞的温度都不相同，有些喷出的气体还含有毒性。

↑火山岛上的喷气洞

英国的怀特岛

在英国南部也有一个怀特岛，它靠近英吉利海峡的北岸，与大不列颠岛隔着索伦特海峡。岛上风景优美，古堡林立，还有不少青铜器时期的遗迹。举世著名的维多利亚女王也非常钟爱这个小岛，并在岛上的奥斯博恩庄园中安然地结束了自己长达 82 年的人生旅程。

↓怀特岛的火山口低于海平面，四周有高耸的岩壁挡住海水。虽然小岛被茫茫大海所围绕，但火山口上却已形成了一个封闭区，不会被海水侵袭。

新西兰屋脊——库克山

库克山是新西兰第一高峰，有"新西兰屋脊"之称，山势巍峨，终年积雪。傍晚日落时是遥望库克山的最佳时刻，夕阳为白雪披上一层瑰丽的粉红色，色彩瞬息间变化万千，在幽深的山谷的衬托下，愈显得山峰峻拔、伟岸。

地理位置

库克山位于新西兰南岛中西部的库克山国家公园内，是新西兰南阿尔卑斯山脉的最高峰。南阿尔卑斯山脉由基督城经过绿林茂密的坎特布利平原，向南前进。

知识小笔记

库克山海拔 3 764 米，是新西兰第一高峰。

库克山的形成

库克山在 1.5 亿年前仍沉在海底，1 亿年前地壳开始了造山活动，经过漫长岁月不断重复着隆起和侵蚀的交替作用，再加上冰河的侵蚀，形成了今日的景观和地形。

库克山是新西兰最高的山峰

植被垂直带的变化

库克山海拔 900 米以下是山地森林带,这里森林茂密,多野兔、羚羊,是爬山狩猎的理想场所;往上依次是草地、灌木,在海拔 2 150 米以上属于高山地带,这里寸草不生,只有玄黑色的岩石交错于冰雪之间。

野兔

冰川湖泊

在库克山东侧有两个宁静而美丽的湖泊,一个叫做普卡基湖,另一个叫做泰卡普湖。两个湖的背景都是库克山以及周围的群峰,湖水源于冰川,平静如镜,水色碧蓝中含带着乳白,晶莹如玉。

塔斯曼冰川

库克山东边的塔斯曼冰川长约 29 千米,宽 2 千米,深 600 米,是世界上最长的冰川之一。冰川内部的移动带着山体的碎石下滑,加上阳光的照射,使冰川表面形成了无数的裂缝和冰塔,造型千姿百态,耀眼夺目。

◀ 库克山是新西兰最高的山峰

最美丽的岛屿——博拉博拉岛

美国作家詹姆斯·米切纳称南太平洋社会群岛中的博拉博拉岛是"世界上最美丽的岛屿"，它像一颗镶嵌在南太平洋蓝色海面上的宝石。对许多人来说，博拉博拉岛是地球上的天堂。岛上第一批居民于 2 000 年前从东南亚来到这里。

博拉博拉岛在第二次世界大战期间曾是美国的海空军基地

🔺 地理位置

博拉博拉岛是法属波利尼西亚社会群岛中最美丽的岛屿，位于南纬 16°30′，西经 151°45′ 处，在塔希提岛西北 270 千米处，由中部主要岛和周围一系列小岛组成。

知 识 小 笔 记

博拉博拉岛陆地面积38平方千米。

正在生长的堡礁

达尔文最先提出环礁是一种堡礁，它在岛屿周围呈环状向上生长。如果岛屿沉没海中，环礁仍可露出海面。博拉博拉岛正在沉没，某一天只有它的环礁将留下。

◀ 博拉博拉岛一角

沙坝

美丽的青绿色泻湖环绕在小岛周围，有一条沙坝将泻湖与大海分隔开。沙坝之外是堡礁，几乎呈完美的圆形，并点缀着称为"莫图"的小沙岛。

奥特马努山

现高 725 米的奥特马努山位于岛的中部，它是一座双峰火山的遗迹，曾经的火山喷发毁去了山顶，现在，浓密的绿色森林已覆盖了这座死火山。

◀ 博拉博拉岛

最大的浮冰——罗斯冰架

罗斯冰架是英国船长詹姆斯·克拉克·罗斯爵士于 1840 年在一次定位南磁极的考察活动中发现的。它是一个巨大的三角形冰筏，几乎塞满了南极洲海岸的一个海湾。罗斯冰架是世界上最大的浮冰，其面积和法国相当。

最壮丽的景象

罗斯冰架光滑的冰面熠熠闪光，有的地方悬挂着千姿百态的冰柱，迸散出逼人的寒气。冰崖深深地插入海中，海潮冲刷之处，不时发生崩塌的冰山坠入海中，发出令人心悸的声音。难怪当时的英国探险家称它是我们星球上最壮丽的景象。

移动的冰架

罗斯冰架是覆盖在南极大陆的巨大冰盖伸向罗斯海所形成的，这片平坦的冰原浮在海上，而且还在不断地移动，它的前端每天移动 3 米左右，最快可达 4 米。

罗斯冰架宛如一个巨大的浮筏，在南极洲的港湾漂浮。

崩塌的冰山

罗斯冰架光滑的冰面熠熠闪光，有的地方悬挂着千姿百态的冰柱，迸散出逼人的寒气。冰崖深深地插入海中，海潮冲刷之处，不时发生崩塌的冰山坠入海中，发出令人心悸的声音。难怪当时的英国探险家称它是我们星球上最壮丽的景象。

▶罗斯冰架崩塌的冰山

断裂的冰架

罗斯冰架的后半部直接跟海底地面接触，它的前半部漂浮在罗斯海上，不时裂开，进入大海，形成一座座巨大的冰山。南极海面上漂浮的大部分平顶的桌状冰山就是这种冰架破裂后形成的。

知识小笔记

罗斯冰架东西长达 800 千米，南北宽 970 千米。

鬼斧神工的